빛깔있는 책들 **253**

장 醬

글 | 이춘자 외 · 사진 | 배병석, 류관희

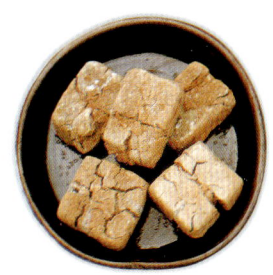

대원사

저자 소개

| 글 |

이춘자
한양여자대학 식품영양과 강사

김귀영
상주대학교 식품영양학과 교수

박혜원
신흥대학 호텔조리과 교수

허채옥
한양여자대학 식품영양과 교수

조후종
전 명지대학교 교수. 한국의 맛 연구회 회장.

| 사진 |

배병석
88올림픽 문화행사 "한국음식문화5천년전"과 온양민속박물관 유물 촬영 및 도록 발간의 사진작업을 담당하였다.

류관희
경원전문대학 사진영상과 졸업. 현재 프리랜서로 활동하고 있다.

*사진 도움 주신 곳 ————————
이토그램, 샘표식품, 평안식품

차례

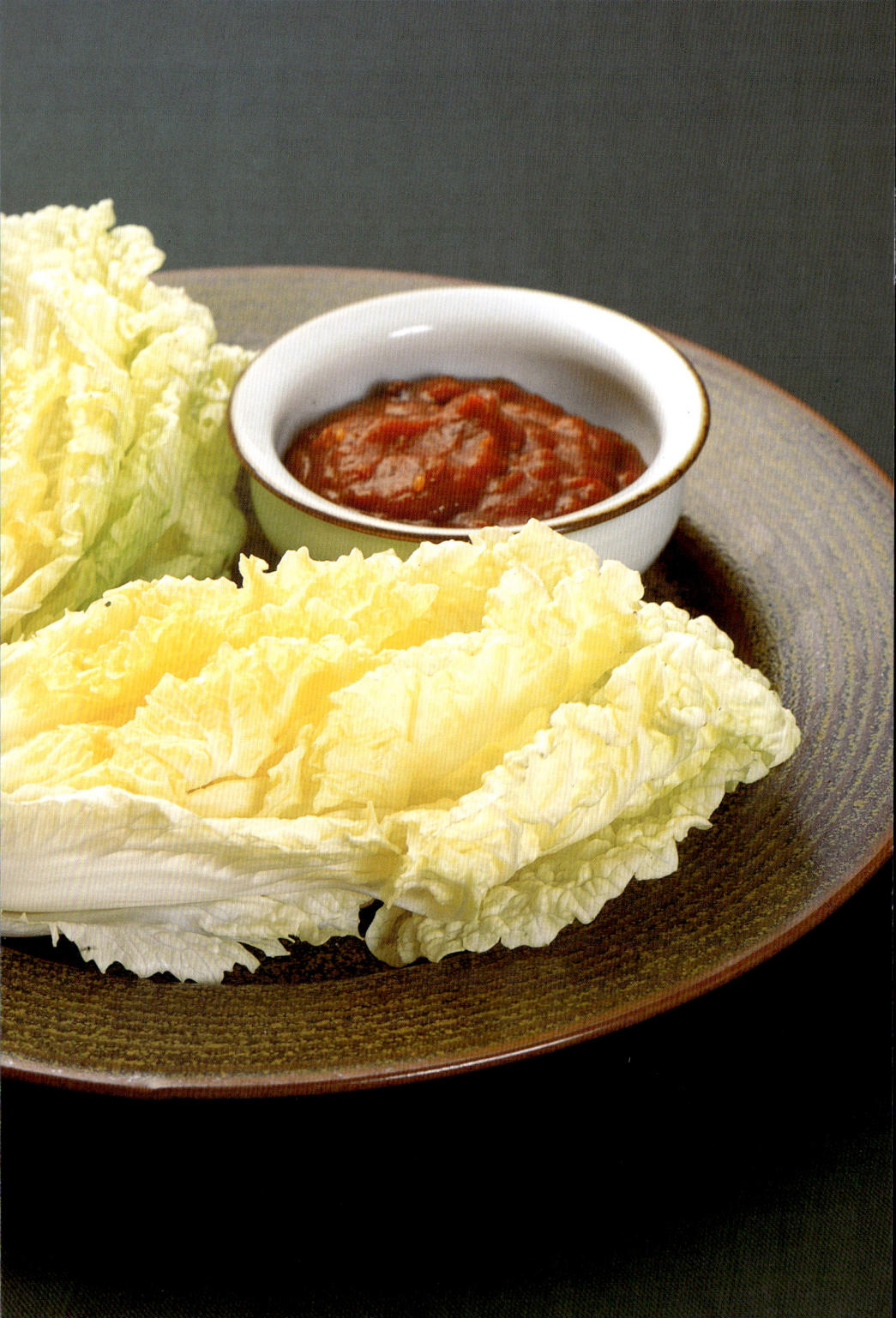

빛깔있는 책들 201-12

장 醬

장 담그는 경사

장은 음식맛을 내기 위해 빠져서는 안 되는 중요한 조미료로서 우리 음식 문화에서 큰 비중을 차지하고 있다. 음식에 간을 맞추고 조화로운 맛을 내는 조미료일 뿐만 아니라 전쟁이나 가뭄, 장마로 흉년이 들었을 때는 구황식으로 쓰였으며, 의료 혜택을 받기 어렵던 시절에는 민간요법으로도 활용되었다. 뱀에 물리거나 벌에 쏘였을 때, 가벼운 화상이나 상처를 입었을 때는 간장이나 된장을 발랐으며, 생인손을 앓을 때에는 간장에 손을 담갔다가 빼는 것을 반복하여 치료하였고 체증과 소화불량에는 된장을 먹었다. 실제로 『동의보감(東醫寶鑑)』을 비롯한 몇몇 한의서에도 장류가 치료제로 사용되었다는 기록이 있으며, 오늘날에는 된장, 청국장 등 장류의 생리적 기능이 과학적으로 증명되면서 건강기능식으로 새롭게 조명을 받고 있다.

장독대 옛날에는 좋은 맛의 장을 얻기 위해 많은 정성과 노력을 기울였으며, 그만큼 금기사항도 많았다.

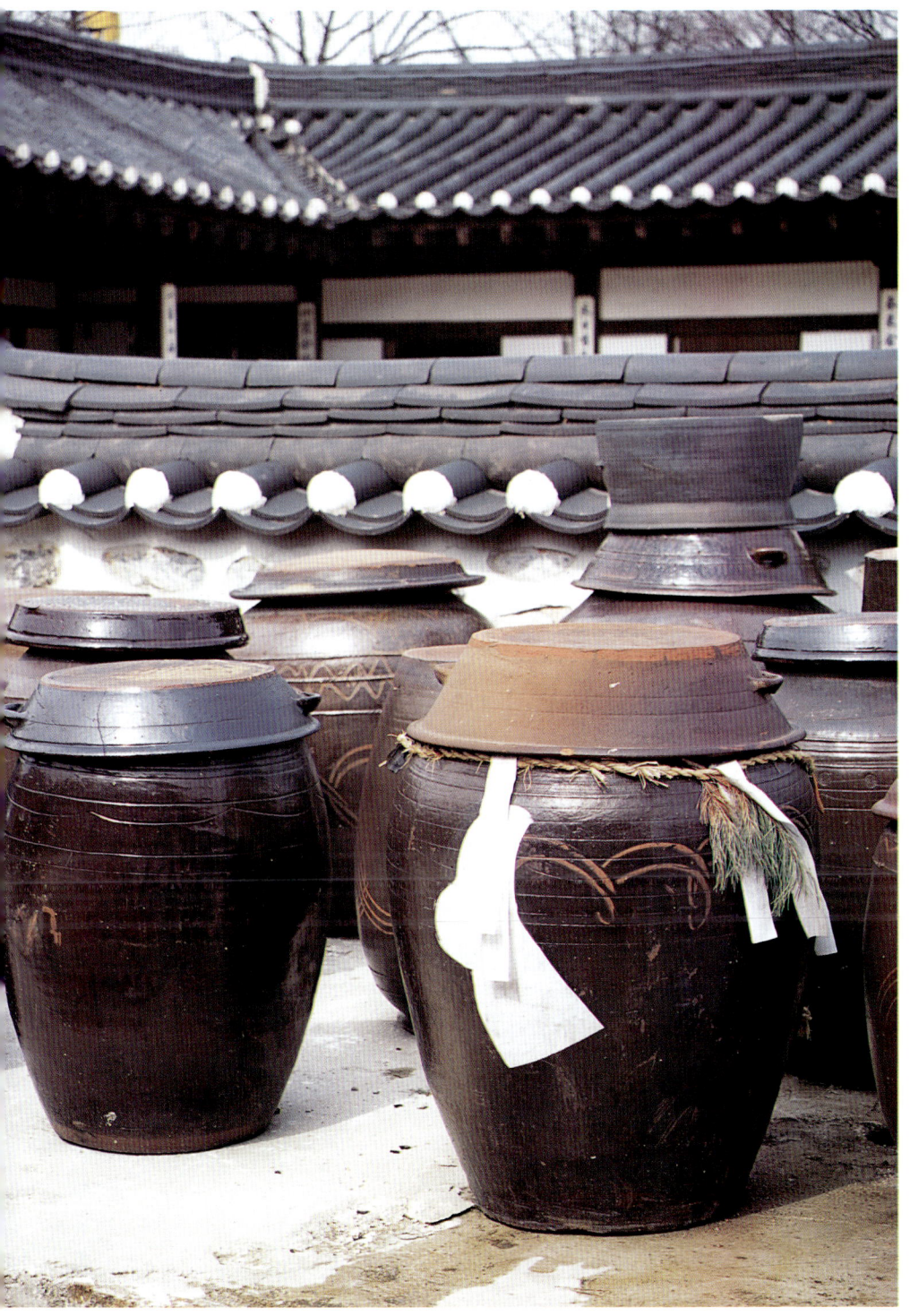

장은 미생물이 관여하여 얻어진 발효식품이다. 사람들은 아주 옛날부터 미생물을 이용하여 자연발효에 의한 발효식품을 얻어내는 방법을 터득하였다. 발효식품은 주위의 자연환경에 의해 품질이 좌우되어 어떤 때는 품질이 좋은 제품을 얻을 수 있지만 그렇지 못한 때도 있다. 미생물에 대한 연구가 활발해진 현대에는 유익한 미생물이나 효소를 작용시켜 과학적으로 발효식품을 제조하기도 하지만 옛날에는 미생물의 작용에 대한 지식이 없이 발효가 진행되는 과정을 경험을 통해 터득하였기 때문에 좋은 맛의 장을 얻는 데에는 많은 정성과 노력을 기울여야 했고 그만큼 금기사항도 많았다.

장을 얻기 위해서는, 늦가을 장의 원료가 되는 콩을 고르는 일에서 시작하여 메주 쑤기, 메주 띄우기, 장 담그기, 일정기간 숙성시키기, 장 거르기 등 다음해 초여름에 이르기까지 오랜 시간과 정성이 필요하다. 이처럼 우리 선조들은 감칠맛 나는 장맛을 내기 위해 수고와 정성을 아끼지 않았다. 우리의 세시풍속을 집대성한 『동국세시기(東國歲時記)』에서는 일년 중 민가에서 치르는 가장 큰 행사로 '장 담그기'와 '김장'을 꼽고 있으며, 비슷한 시기에 조선시대의 풍속을 노래한 정학유의 「농가월령가(農家月令歌)」에는 절기에 맞춰 장을 담그는 행사가 실려 있다.

아래에 있는 「농가월령가」의 일부 가사를 보면 선조들의 장 담그는 풍속을 짐작해 볼 수 있다.

3월
인가에 요긴한 일 장 담그는 경사로다

청국장은 삶은 대두를 40℃ 정도 되는 따뜻한 곳에 두어 청국장균이라고 하는 바실러스 균주로 발효시킨 일종의 영양식품으로 주로 우리나라와 일본에서 이용한다. 일본에서는 낫토(natto)라 부르며 식용방법도 우리와는 다르다. 우리는 주로 끓여서 찌개의 형태로 밥과 같이 먹는데 일본에서는 밥과는 따로 날로 먹는 것이 보통이다.

청국장은 가정에서 쉽게 만들어 먹을 수 있는 단백질 발효식품으로 탄수화물 위주의 식생활에서 부족되기 쉬운 단백질을 공급하는 데 큰 공헌을 한다. 각종 효소 작용으로 콩 성분이 분해되어 소화성이 우수하다. 발효가 일어나면서 대두에 없었던 새로운 물질들이 생긴다. 고분자 핵산, 단백질 분해효소, 점성물질 등이 생기고 대두가 분해되면서 그것을 먹이로 미생물이 증식하고 각종 항암물질, 항산화물질, 면역증강물질과 같은 생리활성물질이 만들어진다. 발효 중에 특히 비타민 B_2의 증가가 현저하여 원료에 비해 5∼10배로 증가한다. 점성물은 유해균을 억제하고 유익균의 성장을 도우며 선택적인 항균작용을 한다.

된장은 메주를 소금물에 담가 항아리에 둔 채 수개월 숙성시키는 반면 청국장은 소금을 사용하지 않고 2∼3일간 빠른 시간에 간편하게 제조할 수 있다. 이와 같이 청국장은 단시간에 제조하여 쉽게 익혀 먹을 수 있으므로 가을, 겨울철에 수시로 만들어 먹을 수 있는 과학적인 방법이다. 기호에 따라 마늘, 고춧가루와 함께 소금을 넣어 먹는다.

콩단백질은 간장이나 된장의 숙성과정에서 분해되기 때문에 쉽게 소화, 흡수할 수 있게 된다. 된장은 우수한 단백질의 급원이다. 단백질의 양은 대두가 100g 중 36.2g이고 된장이 11.9g인데 쇠고기 등심의 단백질 함량이 100g당 17.5g이므로 밭에서 나는 고기라고 부를 만하다. 그러므로 단백질이 부족되기 쉬웠던 우리 선조들의 식생활에서 단백질 급원으로서의 역할이 컸다고 볼 수 있다. 특히 콩은 물론 된장도 쌀에 부족한 아미노산인 리신(lysine)을 충분히 함유하고 있어 고기를 먹지 않아도 쌀에 콩을 섞어 먹으면 아미노산이 상호 보완되어 단백질의 질을 높여 주는 작용을 하게 된다. 된장국 등을 끓여 밥과 함께 먹을 때도 마찬가지이므로 맛의 조화와 함께 식물성 식품을 주로 섭취하던 우리의 식사에서 영양면에서 단백질의 질적 상승이라는 의의를 찾아볼 수 있겠다.

콩으로 만든 전통된장은 단백질 함량이 많은 반면 전분질 소맥분을 함께 이용하는 개량된장은 당질 함량이 높은 것이 특징이다. 장기 숙성되는 전통된장은 개량된장에 비해 유리아미노산 함량은 적으나 총아미노산에 대한 유리아미노산의 비율은 오히려 높아 구수한 맛이 증가한다고 한다.

된장과 청국장은 콩 자체보다 소화율에서도 우수하고 영양 효율성도 높다. 그러므로 콩을 가장 효과적으로 먹는 방법인 장류는 우리 조상들의 걸작품이라고 할 수 있다.

콩 및 콩제품의 소화율 비교

콩 및 콩제품	소화율
생 콩	55% 정도
삶은 콩	65% 정도
된장	85% 이상
두유, 두부	92% 이상

그 밖에 간장은 감칠맛, 짠맛과 함께 특유한 향기가 잘 조화된 조미료로서 영양소를 공급하는 식품이라 할 수는 없지만 음식에 맛을 더해 주므로 그 가치가 인정된다. 아미노산, 당분, 유기산, 무기질과 비타민이 들어 있어 소금만을 조미료로 사용하는 것보다 유리하다. 재래식 간장에서는 알라닌, 발린, 프롤린, 페닐알라닌, 티로신, 세린, 시스틴, 메티오닌, 히스티딘, 리신, 아스파틱산, 글루타민산 등의 아미노산이 검출되었고, 개량식 간장 중에서는 재래식 간장에서 검출된 것 이외에 트레오닌이 검출되었다.

의 주재료는 단연 콩(대두)이다. 여기에 소금과 물을 첨가하여 장을 개발하였다. 장은 숙성과정에서 콩이 분해되면서 우러나는 구수한 맛을 지니게 되는데 이 맛은 짠맛만을 갖고 있는 소금에서는 찾아볼 수가 없으며, 이 장이 기본 조미료로 이용되어 우리 전통음식은 맛을 한층 높일 수 있었다.

우리 민족은 국물 음식을 선호하여 국이 발달하였고, 채소로 만든 갖가지 나물, 고기도 장과 양념으로 반드시 조미하여 요리하는 전통이 있는데, 이러한 식습관은 훌륭한 장 문화가 있었기 때문에 가능했다. 또한 콩으로 만든 장은 영양면에서도 우수하여 단지 간을 맞추는 역할뿐만 아니라 여러 가지 반찬거리에 곁들임으로써 영양상 서로 보완이 되어 합리적인 식생활을 영위할 수 있도록 한다. 이러한 까닭으로 콩으로 만든 장류는 이 시대에 와서는 암 예방 효과 등 우리의 삶에 필수 음식으로 뿌리를 내리게 된 것이다.

어원

'장(醬)'이란 글자는 처음 중국의『주례(周禮)』에 등장한다. 그러나 이때의 장은 콩으로 만든 장이 아니라 고기를 재료로 한 육장(肉醬)이다. 따라서 중국의 초기 장은 콩으로 만든 우리의 장과는 달리 육장이었을 것으로 여겨진다. 그 밖에 장을 가리키는 용어의 어원을 살펴보면 다음과 같다.

시 『해동역사(海東繹史)』에서는 발해의 책성의 명산물로서 '시(豉)'를 들고 있다. 또『설문해자(說文解字, 중국의 사전)』에서는 "'시'는 배염유숙(配鹽幽

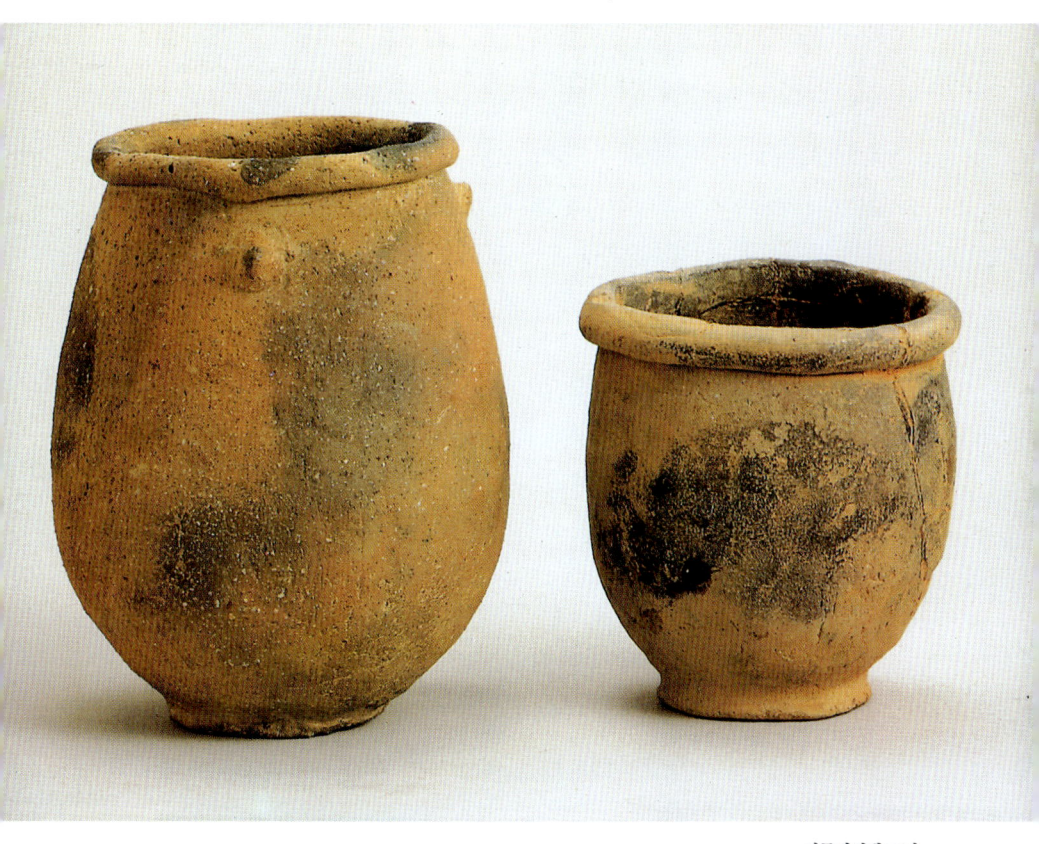

청동기시대 토기

菽)이다"라고 하였다. 숙(菽)은 콩을 가리키고 유(幽)는 어둡다는 뜻이니, 콩을 어두운 곳에서 발효시켜 소금을 섞은 것 즉 청국장 형태라고 할 수 있다. 이 '시' 가 중국으로 건너가 콩으로 만든 장의 문화를 싹틔우게 하였다. 중국 진대(晉代) 의 문헌인 『박물지(博物志)』에 외국에 '시' 가 있다고 하였으며 『본초강목(本草綱目)』에도 '시' 는 외국산이라고 되어 있다. 중국에서는 한대(漢代)에 들어서야 '시' 란 글자가 나타나게 되므로 우리나라에서 건너간 것임에 틀림없을 것 같다. 중국에서는 '시' 의 냄새를 고려취(高麗臭)라고 하였다.

말장 『증보산림경제(增補山林經濟)』에서는 '末醬' 이라 기록하고 이것을 '며조' 라 하였다. 이 말장은 본디 장을 말한 것이나 훗날 메주를 가리키게 되었다. 한편 이 말장은 일본으로 건너가 '미소' 라고 했다는 기록이 보인다. 일본 『정창원문서(正倉院文書)』 덴표(天平) 11년(739) 조에서 말장을 미소라고 읽고 있으며, 또 다른 『동아(東雅)』의 '장' 조에 고려의 장인 말장이 일본에 들어와서 그 나라 방언 그대로 미소라고 읽는다고 기록되어 있다.

간장 간장의 간은 소금기의 짠맛을 의미하고 '艮醬' 으로 쓰기도 한다. 맑은 햇장을 청장(淸醬), 그 다음 것을 중장, 해를 거듭해 묵은 장은 진장(陳醬), 맛이 좋은 묵은 장을 진장(眞醬)으로 표현한다. 한글 조리서인 『시의전서(是義全書)』 와 『규합총서(閨閤叢書)』에는 '지령' 이라는 한글로, 『훈몽자회(訓蒙字會)』에는 'ㄱ쟝' 으로 표기되어 있다. 서울말로는 '지럼' 이라 하였다고도 한다.

된장 된장의 된은 '되다(hard)' 의 뜻이 담겨 있다. 토장이라고도 한다.

청국장 『증보산림경제』에서는 청국장을 '전시장법(煎豉醬法)' 속칭 전국장 (戰國醬)이라 하였다. '시' 가 발해의 변방인 책성을 지키는 병사들의 군량에서 비롯된 명칭이므로 전장(戰場) 식품이었을 것으로 추측할 수 있다.

문헌과 유물로 본 장의 역사

장류의 주재료가 되는 콩의 원산지는 한반도 북쪽의 만주를 포함한 동북아시아 지역으로 보고 있다. 우리나라의 콩 재배 흔적은 청동기시대 유적에서 찾아볼 수 있다. 콩의 유물인 식물유체가 회령 오동 주거지, 평양 남경 36호 주거지, 합천 봉계리 유적 등에서 발견되는데 이 모두가 청동기시대 유적이다. 지금도 우리나라 곳곳에서 콩의 야생종이 발견되고 있어 콩이 먼 옛날부터 식용으로 사용되었음을 짐작하게 한다.

초기에는 콩을 그대로 혹은 삶거나 찌거나 볶아서 먹었을 것이다. 그런데 어느 날 먹기 위해 삶거나 쪄둔 콩에 끈적거리는 진이 생기고 냄새도 풍겼겠지만 먹어 보니 독특한 맛이 있어서 그뒤로 시(豉, 청국장과 같은 형태)를 만들어 먹게 되었고 또 여기에 저장성을 높이려고 소금을 첨가하였더니 별난 맛의 액체를 얻게 되었고 이것으로 즙액인 장을 만들지 않았을까 추측해 본다. 그러나 이러한 장 제품의 제조 기원은 정확

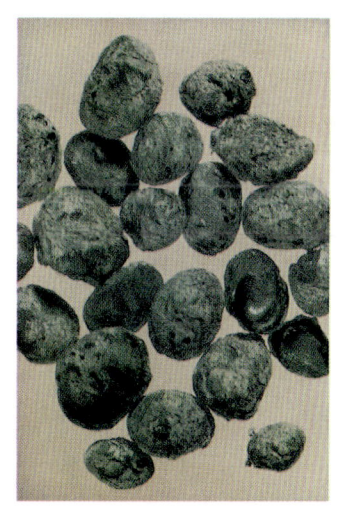

탄화콩 평양 남경 36호 주거지 출토.

히 밝힐 수 없다.

우리나라의 기록을 살펴보면,『삼국사기』 신문왕 3년(683) 왕비의 납폐 품목에 장과 시가 포함되어 있는 것을 볼 수 있다. 그러나『삼국지』에 고구려인의 장 담그는 내용이 실려 있는 것을 보면 3세기경에 이미 장을 담가 먹었음을 짐작할 수 있다. 또 조선 영조 때의 고증학자 한치윤이『해동역사』에서『신당서(新唐書)』를 인용하여 발해의 명산물로 '시'를 들고 있어 이 사실을 뒷받침한다. 한편 안악 3호 고분 벽화에는 우물 주변에 발효식품을 갈무리한 것으로 보이는 독들이 그려져 있다.

이후 고려시대에는『고려사』,『동국이상국집(東國李相國集)』에서 장의 존재를 확인할 수 있는데 가공업의 발달에 따라 장류 및 발효식품이 더욱 다양해졌

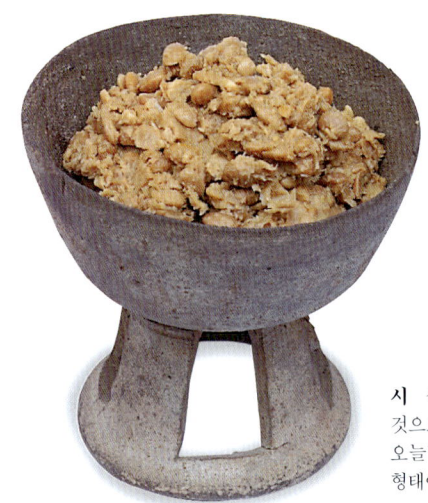

시 삼국시대 이전에 먹었을 것으로 추정되는 장류이다. 오늘날의 청국장과 유사한 형태이다.

음을 볼 수 있다. 고려 현종 9년(1018)과 문종 6년(1052)에는 굶주린 백성을 위한 구황식품으로 장을 배급했다는 기록이 있다.

조선시대에는 여러 문헌에 장의 제조법이 상세히 실려 있다.『구황촬요(救荒撮要)』의 콩과 밀가루를 원료로 한 간장과 된장 만드는 방법을 비롯하여『주방문(酒方文)』,『고사신서(攷事新書)』,『산림경제(山林經濟)』,『증보산림경제』,『규합총서』등 음식에 관한 기록이 있는 모든 문헌에 메주 제조법, 택일하는 법, 즙장(汁醬), 태장(太醬), 육장(肉醬), 급히 쓰는 장, 잘못된 장 고치는 법 등 여러 가지 장 제조법이 실려 있다.

[시대별 된장의 형태]

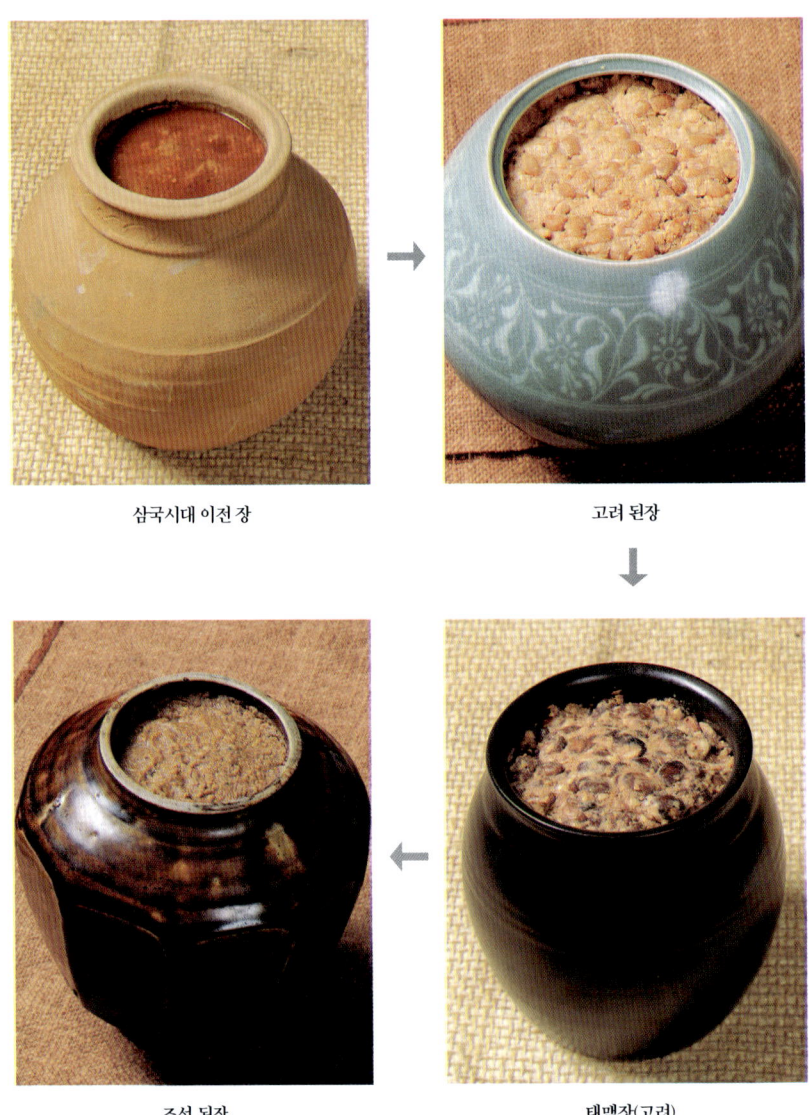

삼국시대 이전 장

고려 된장

조선 된장

태맥장(고려)

장의 재료와 특성

콩

콩의 기원과 전파

콩의 원산지는 우리나라를 포함한 동북아시아로서 이들 지역에 분포하는 야생콩에서 발생한 것으로 생각된다. 중국에서는 5,000년 전부터 이미 재배되어 왔다는 기록이 있다.

콩은 본래 한랭한 곳을 좋아하는 작물로 약 50여 년 전까지는 우리나라나 중국 등 아시아에 한정된 지역에서 재배되어 간장, 된장, 두부와 같이 동양의 전통적인 식품에 이용되는 것이 대부분이었다. 미국에서 대규모로 재배된 이래, 세계로 확산되어서 오늘날에는 유지(油脂) 원료, 단백질 공급원으로서 최대 작물이 되고 있다. 최근 브라질, 인도, 아프리카 등 열대 지역에서도 왕성하게 재배하고 있어 세계 총생산량은 약 1억 톤에 이르고 있다.

콩이 동양에서 유럽으로 전해진 것은 18세기이며 현재 세계 최대의 대두 생산국이 된 미국이 유지 자원을 얻기 위하여 농무성의 지휘 아래 대두를 시작(試作)한 것이 1986년으로, 그후 다수의 대두 품종을 아시아에서 들여와서 기계화 농업으로 재배할 수 있는 품종을 선발, 육성했다. 1940년대에는 대규모로 재배하게 되어 현재는 미국의 농업을 지탱한다고 할 수 있을 정도로 중요한 생산품이 되고 있다.

콩 생산은 미국과 중국이 90% 이상을 차지하여 으뜸가는 수출국이다. 우리나라는 전남, 전북에서 주로 생산되고 있으나 수요에 따르지 못해 미국 등지에서 대량의 콩을 수입하고 있다. 콩은 재배가 용이하고 주곡으로서의 가치가 인정되며, 생육 기간이 짧아 하절 재배가 용이한 점 또는 곡류와의 간작을 통해서 토양의 소모를 방지할 수 있어 세계적으로 널리 재배되고 있다.

콩의 성상

콩은 콩과에 속하는 일년생 초본이다. 줄기는 직립하고 키는 약 30~90cm에 이른다. 여름부터 가을에 걸쳐서 잎이 붙은 곳에서 짧은 꽃가지가 자라서 흰색, 자색, 담홍색 등의 작은 꽃이 핀다. 복엽(複葉), 첩형화(蝶形花)로 꽃잎은 5장이고 수술이 10개이며 중앙에 1개의 암술을 갖는다. 성숙하면 황갈색의 자방(子房)으로 변하여 길이 5cm 정도로 콩깍지가 생기고, 그 안에 2~3개의 종자가 들어 있다. 종자 사이는 잘록하게 들어가 있으며 종자는 구형이나 타원형이 많다. 크기는 지름 5~10mm로 재배 품종에 따라서 차이가 있다.

콩의 가식부(可食部)는 자엽(떡잎)이고 2장의 자엽 사이에 배아가 있다. 그 구조를 보면 자엽이 90~92%, 종피 7~8%, 배아 2% 정도이다. 종피의 표면은 각피(큐티클) 층으로 되어 있어서 물은 통과시키지 않으며 묽은산이나 알칼리에 불용성이다. 또 종피에는 조섬유가 많고 세포막은 주로 헤미셀룰로오스(hemi-cellulose)로 되어 있어 소화가 잘 되지 않는다.

뿌리에 많은 뿌리혹이 달려 있으며 거기에 공생하는 뿌리혹박테리아에 의해서 공기중의 질소를 고정시킨다.

콩의 품종

콩은 생육 기간에 따라 극조생(極早生), 조생(早生), 중생(中生), 만생(晩生), 극만생(極晩生) 등으로 나눌 수 있다. 또한 콩의 색깔에 따라 단색인 것은 흰콩, 누런콩, 푸른콩 또는 청태콩〔淡綠〕, 검은콩 등이 있다. 우리나라 콩의 대부분은

우리나라 콩의 주요 품종

품종 / 구분	장려 지역	특성	콩100알의 무게(g)
광교	강원, 제주 이외의 전국	다수확, 담황색	18~24
동북태	충북, 충남	다수확, 황백색	24~25
금강대립	강원	황색	33
봉의(鳳懿)	강원	황백색	19
강림(剛林)	전남	다수확, 황색	22~26
감안(感安)	경남	조생	22
장서백목(長瑞白目)	중남부 평야지대	중생, 황색	20
은대두(銀大豆)	제주도	만생, 다수확, 황색	24

흰콩이나 누런콩이다.

우리나라 특히 중북부와 동해안 지방에서 재배되고 있는 외알콩, 학자(鶴子), 금강대두(金剛大豆) 등은 양질의 대립 품종이다. 기타 장서백목, 천안 2호 등 모두 20여 종이 있고 외래 도입종으로는 추전(秋田), 2호(도찌기) 등이 있다.

콩의 성분

콩의 주성분은 단백질과 지질로, 단백질의 아미노산 조성은 함황아미노산이 약간 적지만 양질이다. 지질은 콜레스테롤을 저하시키는 작용이 있는 리놀산 등 불포화지방산이 풍부하다. 미량성분으로 비타민 B_1과 비타민 E를 많이 함유하고 있으며, 그 밖에 생리활성성분인 아이소플라본, 사포닌류를 함유하고 있다.

콩의 단백질은 조생종이 만생종보다 많이 들어 있으나 일반적으로 30~50%, 평균 40% 정도 함유한다. 일반적으로 국산 콩은 미국산보다 단백질 함량이 높고 지방 함량은 낮은 편이다. 단백질은 글리시닌(glycinin)이 대부분이고 기타 알부민(albumin), 파세올린(phaseollin), 글루테린(glutelin) 등이 들어 있다. 앞에서 보았듯이 콩단백질은 필수아미노산이 골고루 함유되어 있어서 영양 가치가 높은데, 특히 리신(lysine), 루이신(leucine)이 많이 들어 있어 쌀, 보리 등 곡류의 영양상 결점을 보완하는 효과가 크지만 메티오닌(methionine)과 트립토판(tryptophan) 등 아미노산은 약간 부족하다.

콩의 단백질은 비교적 소화되기 어려울 뿐만 아니라 트립신(trypsin)의 소화작용을 방해하는 안티트립신(antitrypsin), 동물의 적혈구를 응집시키는 헤마글루티닌(hemagglutinin) 등의 단백질이 들어 있는데 이들은 가열처리하면 그 활성을 잃으므로 콩은 반드시 익혀서 먹어 왔다.

콩은 지방을 16~19% 함유하므로 기름의 중요한 원료가 된다. 일반적으로 황색의 광택을 가지며 둥근형으로 자엽이 황색인 콩이 지방 함량이 높다. 콩의 지방산 조성은 리놀레산(linoleic acid) 54%, 올레산(oleic acid) 23%, 리놀렌산(linolenic acid) 8% 등 불포화지방산을 많이 함유하고 있으며 특히 리놀레산은 레시틴과 함께 혈관 내 콜레스테롤 침적 방지에 효과가 있는 영양적으로 우수한 식용유의 성분이다.

탄수화물은 약 20% 들어 있으나 전분은 미숙한 콩에는 많으나 성숙한 것에는 매우 적어서 1% 이하이다. 자엽의 탄수화물로는 서당(sucrose), 스타키오스(stachyose) 및 라피노스(raffinose)가 들어 있고 세포막에는 헤미셀룰로오스, 종피에는 섬유질이 많이 들어 있다. 서당을 제외한 탄수화물은 인체 내에서 소화가 안 되며 장내 가스 발생의 원인이 된다.

콩의 무기질은 칼륨, 칼슘, 인, 마그네슘 등이 들어 있으며 이 가운데 인은 약 75%가 피틴(phytin) 형태로 존재한다.

비타민은 비타민 E와 비타민 B_1을 비교적 많이 함유하고 있다. 황색콩의 종피에는 제니스틴(genistin), 다이드진(daidzin) 등의 아이소플라본계 색소가, 흑색콩의 종피에는 안토시안(anthocyan)계 색소에 속하는 크리산테민(chrysanthemin)이 들어 있어 최근 들어 이들 물질들에 대한 항산화효과 등 생리활성기능에 대한 연구가 매우 활발히 진행되고 있다.

콩의 이용 현황

콩의 종자는 단단해서 먹기 힘들기 때문에 오래 전부터 여러 가공법이 고안되었다. 간장과 된장 이외에 콩의 이용법을 보면 물에 담가 부드러워진 대두에 물을 넣어 간 뒤 짜낸 두유를 응고시킨 것이 두부이며, 두부를 얇게 썰어서 기름으로 튀기면 유부가 되고, 두부를 얼린 후에 건조시킨 것이 냉동두부이다. 두유는 건강식품으로 음료로 이용된다. 또한 물에 담근 대두를 쪄서 분쇄 누룩과 소금을 섞어 발효시킨 것이 된장이며, 볶은 콩을 분말로 한 것은 콩가루로 떡의 고물로 사용된다. 일본에서는 두유를 붓고 끓여서 표면에 생기는 피막을 뜬 것을 유바(湯葉)라고 하며, 찐 대두에 낫토균을 넣어 발효시켜서 우리의 청국장과 비슷한 낫토를 만들어 먹기도 한다.

세계의 대부분의 대두는 기름용으로 이용되며, 식용유 외에도 마가린, 도료 등에 이용된다. 채유 후의 대두 찌꺼기는 대부분 사료나 비료로 이용되며, 콩의 총생산량을 볼 때 식용으로는 극히 일부밖에 사용되지 않는다.

그러나 탈지 후 대두박이 활용되면서 최근 간장의 원료로 사용되는 것 외에, 농축단백, 분리단백, 조직사단백 등이 만들어지고 있으며 아미노산의 제조, 어묵제품의 첨가물, 인공육의 제조 등에도 사용되고 있다. 밭의 고기라고 하는 대두에서 정말로 고기가 만들어지게 된 것이다.

:: 국산 콩 품종의 특성

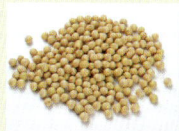

■대원콩

양질다수성이면서 장류용 콩으로 가공 적성도가 높은 품종이며 콩모자이크병 등 각종 병해에 강하다. 개화기는 7월 하순, 성숙기는 10월 상·하순인 만생종이며 경장(莖長)은 78cm이며 콩 100알 무게는 25.6g으로 대립(大粒)이다. 대원콩의 조단백질 함량은 40.7%, 조지방 함량은 19.3%이며 두부 수율은 222%이다. 대원콩으로 만든 20일 정도 발효된 메주를 분석한 바에 의하면 된장의 맛에 관여한다고 알려진 아스파라긴산은 322mg/100g이며 글루타민산은 404mg/100g이다. 이 밖에 생리활성물질로 알려진 사포닌 함량은 7.52%이다.

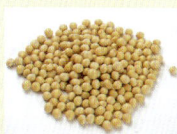

■장원콩

개화기는 7월 중순, 성숙기는 9월 하순이며 경장은 82cm이다. 콩 100알의 무게는 28.5g이다. 장원콩의 조단백질 함량은 38.1%이며 조지방 함량은 19.3%이다. 장원콩은 두부 가공시 두부 수율 및 두부 건물중(乾物重)이 높고 두부의 경도도 높아 두부 가공 적성이 우수하다. 또한 종실의 아미노산 중 맛에 관여하는 아스파라긴산과 글루타민산의 함량이 비교적 높고, 청국장 제조시 수율이 높고 균사 형성이 잘 되며 맛이 우수하다.

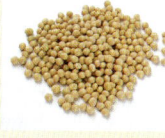

■만리콩

개화기는 7월 중순, 성숙기는 9월 하순이며 경장은 68cm이다. 콩 100알의 무게는 19.8g이다. 만리콩의 조단백질 함량은 41.2%이며 조지방 함량은 19.6%이다. 모자이크병 등 충해에도 강하다.

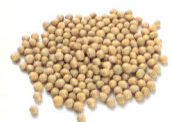

■태광콩

개화기는 7월 하순, 성숙기는 10월 상순이며 경장은 75cm이다. 콩 100알의 무게는 25.3g이다. 태광콩의 조단백질 함량은 41.2%이며 조지방 함량은 22.1%이다. 콩모자이크병에 강하며 기타 병충해에도 다소 강한 편이다.

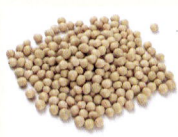

■소담콩

개화기는 8월 상순, 성숙기는 10월 상순이며 경장은 66cm이다. 콩 100알의 무게는 25.2g이다. 소담콩의 단백질 함량은 40.8% 이며 조지방 함량은 18.8%이다. 소담콩은 콩모자이크 바이러스 에 저항성이며 종자병인 자반병, 갈반병, 노균병 등의 이병율이 낮고 콩나방 피해율도 적 다. 두부 제조시 두부의 보수력이 좋으며 두부 수율(238%)이 비교적 높다.

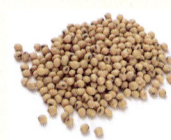

■신팔달콩2호

개화기는 7월 중순, 성숙기는 10월 상순이며 경장은 55cm이다. 콩 100알의 무게는 19.5g이다. 신팔달콩2호의 조단백질 함량은 41.8%이며 조지방 함량은 20.5%이다. 모자이크병과 괴저병에 강하며 기타 자반병, 미이라병, 노균병에도 강한 반응을 보인다.

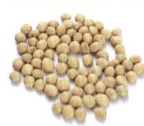

■대황콩

개화기는 8월 상순, 성숙기는 10월 중순이며 경장은 54cm이다. 콩 100알의 무게는 2모작의 경우 31.8g, 단작의 경우 35.3g이 다. 대황콩의 단백질 함량은 41.9%이며 조지방 함량은 21.4%이 다. 올리고당 함량이 매우 높은 편이다. 대황콩은 두부의 경도, 두부 수율 및 건물중 비율 이 높아 두부 가공 적성이 우수하다.

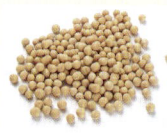

■장미콩

개화기는 8월 상순, 성숙기는 10월 상순이며 경장은 63cm이다. 콩 100알의 무게는 19.3g이다. 장미콩의 조단백질 함량은 30.7%이며 조지방 함량은 20.5%이다. 모든 병충해에 비교적 강하다. 장미콩은 메주 가공 적성이 비교적 우수한 품종이다.

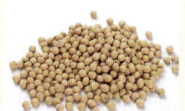

■단백콩

개화기는 7월 하순, 성숙기는 10월 중순이며 경장은 84cm이다. 콩 100알의 무게는 10.9g이다. 단백콩의 조단백질 함량은 48.5%이며 조지방 함량은 17.2%이다. 단백콩은 콩나물용으로 사용이 가능한데 콩나물 재배 결과 부패 및 발육 불량률이 극히 낮았으며, 콩나물 수율도 높았다.

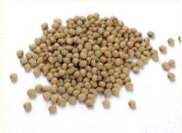

■다장콩

개화기는 7월 하순, 성숙기는 10월 상순이며 경장은 50cm이다. 콩 100알의 무게는 19.9g이다. 다장콩의 조단백질 함량은 44.9%이며 조지방 함량은 18.7%이다. 다장콩은 두부 수율, 고형분 함량, 두부 강도 및 청국장 수율이 높아 두부와 청국장 가공 적성이 우수한 편이다. 메주 가공 적성도 우수한 품종이다.

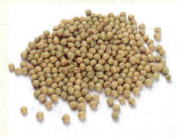

■알찬콩

개화기는 7월 하순, 성숙기는 10월 상순이며 경장은 71cm이다. 콩 100알의 무게는 14.2g이다. 알찬콩의 조단백질 함량은 38.7%이며 조지방 함량은 19.3%이다. 알찬콩의 두부 가공 적성은 두부 강도가 높은 편이며 두부의 맛이 좋고, 청국장 제조시 균계 발육이 양호하여 청국장 수율이 높으며 맛이 좋아 청국장 가공 적성 역시 좋은 품종이다.

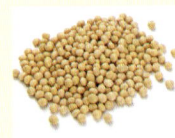

■검정콩1호, 검정콩2호

검정콩1호는 개화기는 7월 하순(7월 22일), 성숙기는 10월 상순 (10월 2일)이며 경장은 73cm이다. 콩 100알의 무게는 28.2g이 다. 검정콩1호의 조단백질 함량은 41.4%이며 조지방 함량은 20.3%이다. 검정콩2호(사진)는 개화기는 7월 하순(7월 30일), 성숙기는 10월 상순(10월 5일)이며 경장은 83cm이다. 콩 100알의 무게는 28.3g이다. 검정콩2호의 조단백질 함량 은 40.8%이며 조지방 함량은 20.7%이다. 검정콩2호는 조단백질과 조지방 함량에서 검 정콩1호와 같은 수준을 나타내었으나 총당 함량은 검정콩1호에 비해서 높은 편이며 밥밑 용 등으로의 가공 적성이 우수하였으며, 검정콩 종피색소의 용출 정도도 검정콩1호에 비 해 높았다. 또한 콩의 항암효과를 나타내는 아이소플라본 함량이 검정콩1호보다 높아, 검 정콩2호의 생리활성기능이 높은 것으로 나타났다.

■진품콩, 진품콩2호

진품콩은 개화기는 7월 하순(7월 22일), 성숙기는 10월 상순(10 월 2일)이며 경장은 71cm이다. 콩 100알의 무게는 22.5g이다. 진품콩의 조단백질 함량은 41.2%이며 조지방 함량은 20.0%이 다. 진품콩2호(사진)는 개화기는 7월 하순(7월 24일), 성숙기는 10월 상순(10월 2일)이며 경장은 68cm이다. 콩 100알의 무게는 22.0g이다. 진품콩2호의 조단백질 함량은 39% 이다.

진품콩은 콩비린내를 제거하여 개발된 품종이다. 콩식품 가공시 콩비린내 제거가 가공 공정상 큰 장해요소로 판명되고 있으며, 그동안 콩 육종가와 영양학자들에 의해 콩비린 내는 리폭시게나제(Lipoxygenase)가 불포화지방산 산화 과정에 관여함으로써 유발된다 는 사실이 밝혀졌다. 리폭시게나제는 L-1, L-2, L-3 등 3가지 아이소자임(isozyme)으로 구성되어 있다는 것이 일반적인 정설이다. 그리하여 작물시험장에서는 1980년대 후반 부터 비린내 없는 콩 육성을 위하여 리폭시게나제 결핍 유전자원을 아시아채소연구개발 센터(AVRDC), 일본, 미국 등에서 계속 도입하여 그 특성을 조사한 후 콩비린내가 없는 진품콩 품종을 개발하였다. 이들 콩은 두부, 두유 및 콩국의 가공 적성이 높은 것으로 평 가되었다.

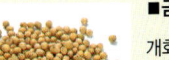

■금강콩

개화기는 7월 하순, 성숙기는 9월 하순이며 경장은 53cm이다. 콩 100알의 무게는 18.8g이다. 금강콩의 조단백질 함량은 42.3%이며 조지방 함량은 19.2%이다. 두부 및 두유 가공 적성이 좋으며 청국장의 수율도 높은 편이다.

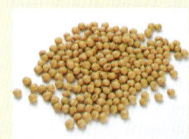

■삼남콩

성숙기는 10월 상순이며 경장은 73cm이다. 콩 100알의 무게는 21.2g이다. 삼남콩의 조단백질 함량은 40.9%이다.

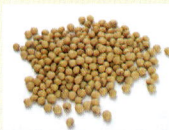

■밀양콩

개화기는 7월 하순, 성숙기는 10월 상순이며 경장은 92cm이다. 콩 100알의 무게는 19.9g이다.

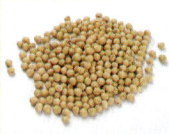

■백운콩

개화기는 7월 하순, 성숙기는 10월 중순이며 경장은 70cm이다. 콩 100알의 무게는 21g이다. 백운콩의 조단백질 함량은 40.8%이며 조지방 함량은 19.9%이다.

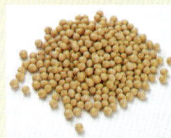

■보광콩

개화기는 7월 중순, 성숙기는 10월 하순이며 경장은 86cm이다. 콩 100알의 무게는 25.4g이다. 보광콩의 조단백질 함량은 40.7%이며 조지방 함량은 20.3%이다.

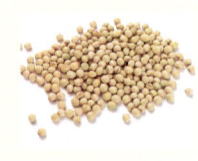

■무한콩

개화기는 7월 중순, 성숙기는 10월 상순이며 경장은 129cm이다. 콩 100알의 무게는 20.5g이다. 무한콩의 조단백질 함량은 43.9%이며 조지방 함량은 21.6%이다.

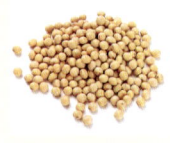

■장수콩

개화기는 7월 하순, 성숙기는 10월 상순이며 경장은 91cm이다. 콩 100알의 무게는 22.2g이다. 장수콩의 조단백질 함량은 40.9%이며 조지방 함량은 21.4%이다.

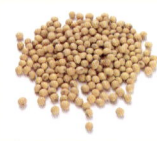

■단원콩

개화기는 7월 하순, 성숙기는 10월 상순이며 경장은 70cm이다. 콩 100알의 무게는 18.2g이다. 단원콩의 조단백질 함량은 39.9%이며 조지방 함량은 19.4%이다.

소금

소금의 중요성과 생산

소금은 짠맛을 내는 기본 조미료일 뿐만 아니라 사람의 혈액 속에는 0.9% 정도의 염분이 들어 있어 소금 없이는 살 수 없다. 세계적으로 해안이나 암염 등 소금 산지의 중심에 문명이 발달한 점을 생각할 때, 오래 전부터 소금이 인류에게 생활문화의 중요한 기초였던 것을 알 수 있다. 현재 세계의 소금 생산량은 약 1억 9,200만 톤에 이른다.

소금의 원료는 세계적으로 암염[해수가 증발, 퇴적해서 광상(鑛床)으로 된 것]이나 천연함수[지하의 염천(鹽泉)이나 함호(鹹湖) 등]를 이용하는 것이 약 2/3를 차지하고, 해수자원 즉 해수 중에 함유된 약 3%의 염분을 증발, 농축시켜 만든 천일제염 상태로 1/3이 생산된다.

우리나라는 삼면이 바다로 둘러싸여 있는 관계로 바닷물을 염전에 넣고 태양열을 이용하여 증발, 결정화시키는 천일제염법에 의한 천일염과 염수를 증발솥에 넣고 가열하여 수분을 증발시키고 식염수를 포화용액으로 만들어 결정화시키는 재제염이 많이 이용되어 왔다.

최근에는 염전을 사용하지 않고 바닷물을 직접 증발, 농축시키는 방법으로 이온교환막을 이용하여 소금을 분리 농축하고 결정관에서 결정화시키는, 이온교환막 제염법을 이용한 정제염의 생산이 점차 많아지고 있다. 소금의 주성분은 염화나트륨($NaCl$)이나 황산칼슘($CaSO_4$), 염화마그네슘($MgCl_2$), 염화칼륨(KCl) 등의 불순물도 소량 들어 있어 약간 쓴맛을 낸다.

소금의 성분(단위:%)

구분	순도(NaCl)	수분	불용분	칼륨	마그네슘	황산
규격	99이하	0.8이하	0.01이하	0.1이하	0.2이하	0.4이하
정제염A	99.43	0.05		0.02	0.02	0.03
정제염B	97.82	1.34		0.02	0.07	0.05
천일염	87.1	7.89	0.29		1.40	0.45

소금의 종류

현재 시판되고 있는 식염의 종류는 아래와 같으며, 각각 규격이 정해져 있다. 이 밖에 소금을 원료로 해서 각종 가공을 한 특수용 소금이 있다. 글루탐산나트륨 등을 코팅한 식탁용 소금, 가릭솔트, 어니언솔트 등의 조리용 소금, 또는 전매소금에 간수분 등을 첨가한 소금도 특수용 소금의 하나이다.

〈원료별 분류〉

소금은 원료별로 크게 세 종류로 분류할 수 있다.

암염　자연의 결정체가 지하에서 층맥을 형성하고 있으며 이것을 채굴해서 이용한다. 유럽, 아프리카, 아시아, 남·북아메리카 등 대륙에 널리 분포되어 있고 대부분 순도가 높다.

천연함수염　차단된 바닷물이 호수나 못 또는 지하에 매몰되어 염초 또는 염정이 된 것이 함수이다. 함호로는 사해, 그레이트 솔트 레이크가 유명하다. 중국의 사천성에 있는 염정은 수분을 증발시켜 고형으로 만들었으며 이를 천연함수염이라 한다.

해염　바닷물의 수분을 증발시켜서 얻은 소금이며 강수량이 적고 일사량이 많은 지역에서는 태양을 이용해서 소금을 결정화시키는 천일제조법을 이용한다.

〈가정용 소금의 종류〉

호염(천일염)　호염(천일염) 또는 조염이라고 말한다. 염화나트륨 함량이

95% 이상이며 이 밖에 염화마그네슘(고염)도 들어 있다. 염화마그네슘에는 수분을 흡수하는 작용이 있어 김치용 채소를 절일 때, 생선에 뿌릴 때, 토란을 씻을 때 등에 주로 이용한다.

식염　염화나트륨이 99% 이상인 소금이며 요리의 맛 내기에 쓰인다.

정제염　수입한 암염을 물에 용해시켜 다시 농축해서 결정을 만든 것이며 순도 99% 이상의 소금으로 광택이 있다. 정제할 때 마그네슘이나 칼슘 등의 염류를 많이 제거했기 때문에 비교적 흡습성이 적어 바슬바슬하다. 대개 가정용으로 요리의 맛 내기나 다른 조미료와 병용해서 쓴다.

식탁염　정제염에 탄산마그네슘과 탄산칼슘을 가해서 공기 접촉을 없애 습기를 막는다. 식탁염은 식탁에서 다 차려진 요리에 뿌려서 맛을 조절하는 목적으로 사용한다. 따라서 식탁염은 요리의 기본 맛을 들이는 데는 사용하지 않는 것이 좋다. 만약 맑은 국을 끓일 때 사용하면 칼슘 화합물에 의해 국이 뿌옇게 혼탁해진다. 한편 고염(苦鹽)이 내는 미량의 쓴맛이 없어 맛에 깊이가 없다.

가공염　식탁염에 마늘, 양파 등의 분말을 혼합한 가릭솔트(garlic salt), 어니언솔트(onion salt), 셀러리솔트(celery salt) 등의 채소염, MSG(글루탐산나트륨) 또는 이노신산나트륨과 MSG를 식탁염에 씌운 화학조미료 가공염, 즉 맛소금도 식탁에서 이용한다.

소금의 화학적 성질과 체내에서의 역할

소금은 염화나트륨을 주성분으로 하는 물질로 짠맛을 지니고 있다. 결정은 정육면체이나 제법에 따라서 외형이 다양하다. 본래는 무색투명한데 보통의 상태로는 빛의 반사로 희게 보인다. 음식물로 섭취된 식염은 나트륨과 염소가 되어서 모두 흡수된다. 나트륨은 체액의 양을 결정하는 것 외에 근육의 수축, 신경의 자극 전달에 관계하며, 염소는 위액의 염산을 형성하는 등 식염은 생명 유지에 필수요소이다. 그러나 정상적인 식사로는 나트륨 필요량의 몇배 이상을 식염으로 섭취하고 있다. 나트륨의 과잉 섭취는 고혈압의 발병과 관계가 있으며, 그 결과 심질환 등 생명을 위협하는 병에 걸리기 쉽다. 혈압을 상승시키는 식염 섭취량의 최저치는 1일 3~5g이나 이는 음식 섭취시 맛의 만족감이 결여된다. 따라서 식염의 목표 섭취량은 보통 1일 10g 이하로 정하고 있다.

소금의 특성

식염은 짠맛을 내는 데 사용되는 것은 물론 맛을 향상시키고 저장성을 높여

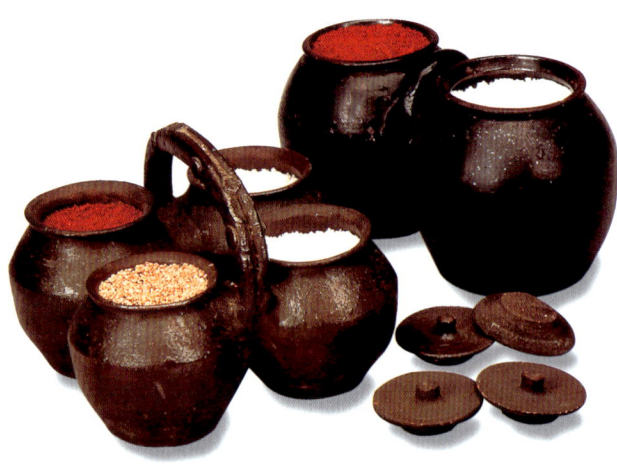

소금 등이 담긴 양념 단지 소금은 음식맛을 향상시키는 것은 물론 음식의 저장성을 높여 주어 장의 주재료로 쓰인다.

부패 방지, 삼투 · 탈수작용, 단백질의 응고작용 등을 이용해서 조리시 여러 가지 용도로 이용된다. 예를 들면 면류나 빵, 어묵을 만들 때에는 응고작용과는 반대로 소금이 단백질을 용해시키는 작용을 이용한 것이다.

· 산화방지작용 : 0.5% 정도의 염수는 대기중의 산소에 의한 식품의 산화와 변질을 방지하고, 음식물 중의 비타민 C의 산화도 방지한다.

· 삼투작용 : 야채나 생선에 식염을 쳐서 수분을 추출한다.

· 효소정지작용 : 사과를 갈변시키는 폴리페놀 효소의 작용을 방지한다. 푸른 채소를 삶을 때는 클로로필의 퇴색을 방지한다.

· 단백질 응고작용 : 5% 이상의 염수는 단백질을 응고시키는데, 계란을 가열조리할 때 이용하면 탄력이 생긴다. 토란의 미끄러운 성질도 응고시킨다.

· 세포 연화작용 : 식염수는 비점이 100℃ 이상으로 높기 때문에 야채류의 세포막을 부드럽게 삶아낸다.

· 방부효과 : 10% 이상의 염수는 식품 중의 수분을 탈수해서 잡균의 번식을 억제한다. 식품의 가공, 보존에 적합하다. 희석한 염수의 살균효과는 적다.

물

장맛을 내기 위해서는 무엇보다도 물맛이 좋아야 한다. 『증보산림경제』의 장 만드는 법에서도 좋은 물을 쓰도록 언급하고 있다. 물이 좋지 못하면 좋은 장맛을 기대할 수 없다.

『동의보감』에 의하면, 물의 종류를 정화수, 한천수, 국화수, 납설수, 춘우수, 추로수, 동, 포, 하빙, 방제수, 매우수, 반천하수, 옥유수, 모옥의 누수, 옥정수, 벽해수, 천리수, 감란수, 역규수, 순류수, 급류수, 온천수, 냉천수, 장수, 지장수, 요수, 생숙탕, 열탕, 마미탕, 조사탕, 증기수, 종기에 오른 김, 취탕 등 33가지로 나누어 모든 마시는 물과 약 달이는 물은 새로 떠오는 맑은 샘물을 바로 써야 하며 그렇지 아니하면 약의 효과가 없을 뿐만 아니라 오히려 사람에게 해가 된다고 설명하고 있다.

맛있는 물의 조건

물은 단순한 화학물이나 물맛은 미묘한 요소로 이루어져 있다. 물은 무색투명, 무미무취라고 하나 무미무취이면 사실은 맛이 없다. 물의 맛은 물의 온도, 물에 용해된 염류의 종류와 산도(PH) 등에 좌우된다.

물은 차갑거나 뜨겁거나 어느 쪽 하나라야 하고 중간의 미지근한 온도는 맛이 없다. 본래 맛이 없는 물이라도 10℃ 정도의 차가운 물을 마시면 산미가 있는 액체에 대했을 때와 같은 상쾌함을 느낄 수 있다.

수돗물보다 산천의 물이 훨씬 맛이 있는 것은 극히 미량이지만 염류 성분이 녹아 있기 때문이다. 염류는 극히 미량이어야 하며 만약 염류가 많으면 경수로서 음료수로는 부적당하다. 한편 철과 같은 금속이 많으면 냄새가 불쾌하고 맛이 없다.

계곡에서 흘러내리는 물이 맛이 있는 것은 바위 사이를 격하게 부딪히면서 낙하하는 동안 자연음료수로서의 맛이 있는 조건을 갖추기 때문이다. 계곡에서 물이 흘러내려와 물방울이 터지면서 빨아들인 공기가 철과 화합해서 산화철이 된다. 따라서 철이 없고 금속 냄새가 나지 않는 물이 되는 것이다.

한편 공기에 들어 있는 이산화탄소는 물에 녹아 물을 산성화시키는데, 산성이 되면 물은 사람의 혀에서 맛이 있게 느껴진다. 한편 바위의 성분을 조금씩 녹이고 결합하여 탄산염이 물에 녹아 더 맛이 있게 된다. 이 밖에 계곡을 흐르는 동안 물이 튀므로 표면적이 넓어져서 물의 증발이 활발해진다. 이때의 증발열로 물이 차가워진다.

이와 반대로 담아 놓은 물은 온도가 상승함에 따라 이산화탄소가 빠져나간다. 처음에는 이산화탄소와 결합해서 녹을 수 있던 염류도 녹을 수 없게 되어 침전된다. 그 결과 물은 미지근하고 산성도 아니며 염류도 적어져 맛이 나빠진다.

물의 경도

칼슘, 마그네슘 이온을 많이 포함한 물은 경수, 그렇지 않은 물은 연수라고 말한다. 경도라 함은 수중 칼슘, 마그네슘 양을 이에 대응하는 탄산칼슘의 ppm으로 환산해서 나타낸 것으로 총경도, 영구경도, 일시경도의 3가지가 있다. 총경도는 수중 칼슘, 마그네슘 총량으로 표시되는 정도이며, 영구경도는 칼슘이나 마그네슘 등의 황산염을 많이 함유하고 있는 경수로 끓여도 연수가 되지 않는다. 일시경도는 중탄산염과 같이 가열하면 칼슘, 마그네슘이 석출되는 형태로 들어 있는 것을 말한다.

경도가 높은 물은 차를 우려내는 데 좋지 못하나 적당한 경도는 음료수로는 맛이 있다. 또한 적당한 경수로 양조를 하면 술맛이 좋다. 독일, 프랑스 등 적당한 경수가 있는 곳에서 생산된 포도주나 맥주가 맛이 좋은 것도 적당한 염류가 녹아 있는 물을 사용하기 때문이다.

미네랄 워터(광천수)

증류수는 무미무취로 맛이 없고 삼투압이 낮아, 마시면 점막 표면에 악영향을 주므로 건강에 좋지 않다. 이에 비해 소량의 탄산가스와 광물질을 포함하고 있는 물은 맛이 좋고 청량감을 느낄 수 있다. 이와 같은 물을 미네랄 워터, 즉 광천수라고 한다.

대추, 고추, 숯

대추

예로부터 대추는 그 성질이 고르고 맛이 달며 독이 없으니 속을 편하게 하고 비를 기르며 오장을 보하고 12경맥을 도우며 진액을 보하고 9규(竅)를 보하며 뜻을 강하게 하고 백약을 부드럽게 한다 하여 모든 탕약에 항상 사용되었다. 장을 담글 때 대추를 사용하는 것은 장맛을 달게 하고 또한 대추의 붉은색은 잡귀를 물리친다는 의미를 갖는다.

고추

고추의 붉은색과 매운맛은 장맛을 변하게 하는 잡귀를 멀리 쫓아 준다고 믿어

왔다. 이것은 고추의 매운맛 성분인 캡사이신(capsaicin)이 갖는 살균효과에 의
해 잡균의 번식을 방지함으로써 장맛이 변질되는 것을 막아 주는 역할 때문이라
고 볼 수 있다.

숯

옛날 사람들은 숯을 사용함으로써 장맛을 변하게 하는 잡귀를 숯 구멍에 가두
어 장맛이 변하는 것을 막을 수 있다고 여겼다. 현대의 과학적 사실에 근거해 볼
때도 숯의 흡착효과로 인하여 나쁜 맛을 빨아냄으로써 좋은 장맛을 유지할 수
있다.

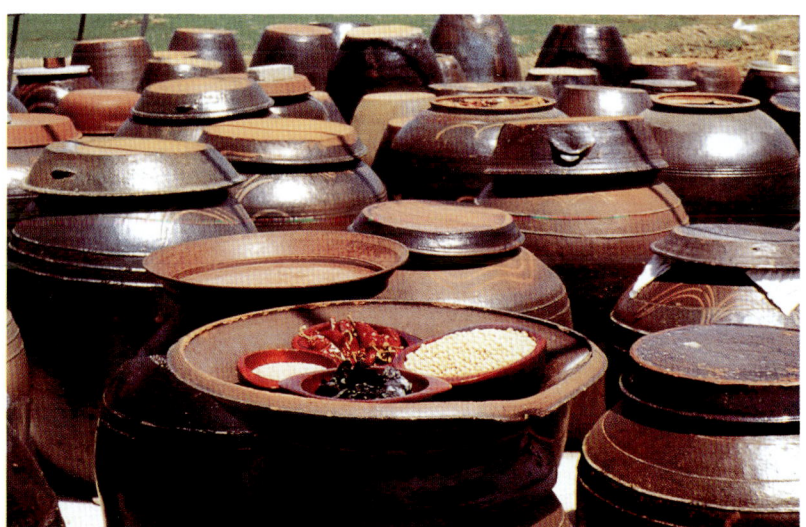

숯, 고추 등을 담은 독 대추와 숯, 고추는 장맛의 변질을 막고 살균 작용을 하며 장맛을 좋게 한다고 하여
예전부터 장을 담근 뒤 마지막으로 그 위에 띄워 두는 것을 잊지 않았다.

장의 종류

간장

농도에 따른 분류

	특성	용도
청장	햇장으로 담근 지 1~2년 된 장. 맑은 갈색이 나며 짠맛이 두드러짐.	주로 맑은 국(탕)에 쓰인다.
중간장	담근 지 3~4년 정도 된 간장	나물을 무치거나 찌개, 국에 이용.
진장(陳醬)	담근 지 5년 이상 된 장, 색이 검고 감칠맛, 단맛이 더해짐.	찜, 조림 등 반찬의 색을 내는 데 사용.
진장(眞醬)	담근 햇수가 오래고 색이 검고 감칠맛과 단맛이 두드러지며 농도가 진하고 맛이 좋은 장	육포, 약식, 전복초 등에 쓴다.

원료 및 제조 방법에 따른 분류

	원료	특성
재래간장 (조선간장)	콩만을 원료로 하여 담근 간장 · 막간장 : 메주를 간장에 　담가 만든 진간장 · 겹간장 : 메주를 소금물에 　담가 만든 보통 간장	주로 세균인 바실러스 서브틸리스에 의해 발효 숙성시킨다.
양조간장	콩과 탈지대두, 밀 등 전분질을 원료로 혼합 사용하며 종국을 접종 배양시켜 담근 장	국 곰팡이, 젖산균과 효모의 미생물이 작용하여 300여 종의 향물질로 독특한 향과 맛을 낸다.
산분해간장	탈지대두, 소맥	탈지대두와 소맥전분의 부산물인 글루텐에 염산을 가하여 가수분해하여 아미노산을 생성시키고 중화제(Na$_2$CO$_3$)로 중화시킨 후 여과하여 박(粕)과 액으로 분리하여 만든 간장
효소분해간장	탈지대두, 소맥, 효소제	양조간장의 제조법과 같이 탈지대두, 소맥을 전처리, 제국하여 간장덧을 만든 후 이를 2~3일간 -5~5℃에서 냉염침적시킨 것과 별도 제국하여 간장덧을 만든 것에 효소제를 첨가한 것과 혼합하여 35~40℃에서 2~3일 효소 소화시키고 냉염침적하여 숙성시켜 얻은 간장
혼합간장	양조간장, 산분해간장, 효소분해간장 등을 혼합하여 만든 장	생간장, 산분해간장 등을 적당한 비율로 배합하여 숙성시켜 여과한 후 살균처리하여 만든 간장
어장(魚醬)	멸치, 바지락 등의 생선 및 조개류, 소금	어체나 그 내장을 원료로 하며 소금을 가하여 자체의 효소에 의해 분해 숙성된다.

별미장

   별미장은 간장을 거른 뒤에 남은 막된장이나 막된장에 메주나 소금물을 첨가한 토장, 속성 된장인 막장, 청국장에 고춧가루 등을 넣은 담북장, 무나 고추, 배춧잎을 넣어 두엄에서 발효시킨 즙장, 누룩을 이용한 생황장, 콩잎을 덮어서 띄운 청태장, 팥을 콩에 섞은 팥장, 청국장, 두부를 장독에 넣어 간을 하여 양념한 두부장, 김칫국물을 넣어 숙성시킨 지레장, 꿩의 살코기로 만든 생치장(生雉醬), 콩비지로 담근 비지장, 홍합 삶은 물로 담근 합자장(蛤子醬) 등이 있다.

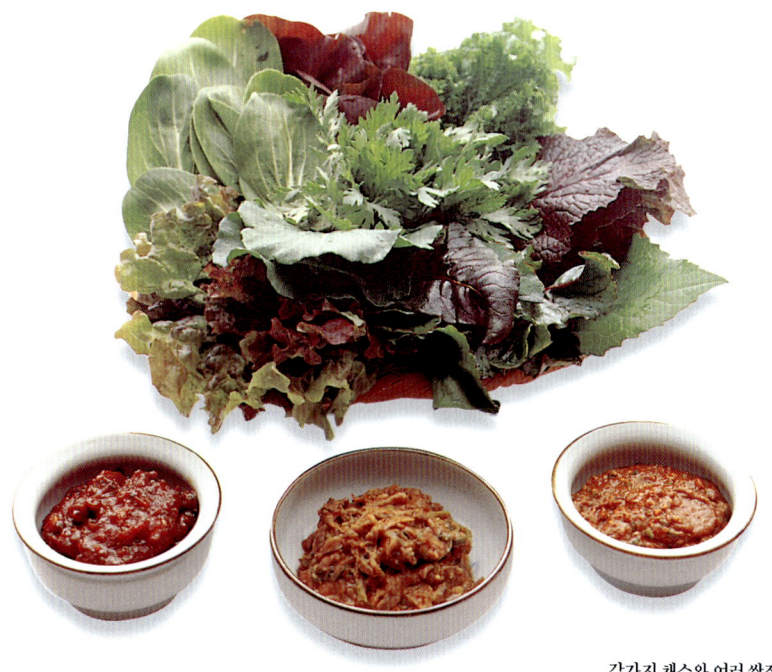

갖가지 채소와 여러 쌈장

계절에 따라 봄철에는 막장을 담고, 여름철부터 가을철에는 생황장, 청태장, 청육장, 팥장, 겨울철에는 청국장 등을 담가 먹는다.

막된장

메주를 소금물에 담가서 간장을 빼고 난 부산물이다. 된장과 간장 구별 없이 걸쭉하게 담아서 용수를 넣고 그 속에 고인 즙은 간장으로 이용하고 찌꺼기는 된장으로 이용한 것이다.

토장

막된장에 메줏가루와 소금물 적당량을 더해서 수분과 염분을 조정하여 2~3개월 후에 먹거나 또는 메줏가루와 소금물만으로 담근 장이다.

담북장

입춘을 전후한 봄철에 먹는 된장이다. 청국장의 가공품으로 무채나 생강 다진 것, 굵은 고춧가루, 소금 등을 혼합하여 숙성시킨다. 숙성을 촉진하기 위해서 햇볕에 내놓기도 하며 담근 지 5~10일 후에는 먹을 수 있다.

콩으로 메주를 쑤어 납작납작하게(두께 2~3cm, 지름 5~6cm) 빚어서 3~4일 동안 띄웠다가 말린다. 잘 마른 메주를 3~4쪽으로 쪼개어 작은 항아리에 넣고 소금물을 짭짤하게 풀어 붓고, 따뜻한 곳에서 5~6일간 삭힌다. 먹을 때는 즙액과 덩어리를 함께 떠서 햇채소를 넣고 끓인다. 그대로 먹거나 쇠고기와 무를 넣어 찌개로 먹기도 한다. 향과 맛이 독특하여 이른봄에 먹기 알맞은 별미장이다.

막장

　조선시대에 된장 대용으로 사용한 일종의 속성 된장으로 그 원류는 가을부터 겨울 사이에 만든 메주를 봄에 잘 말려 따뜻한 온도로 6~7일간 숙성시켜서 햇 채소와 함께 먹는다. 현재는 곱게 분쇄한 보리에 엿기름으로 죽을 쑨 후 고춧가 루(또는 고추씨를 포함한 가루)와 소금, 메줏가루를 혼합한 뒤 따뜻하게 하여 30 ~40일 동안 숙성시킨다. 보리 생산이 많은 남부 지방에서 많이 담근다. 요즘에 는 막장이 쌈장으로 이용되고 있다.

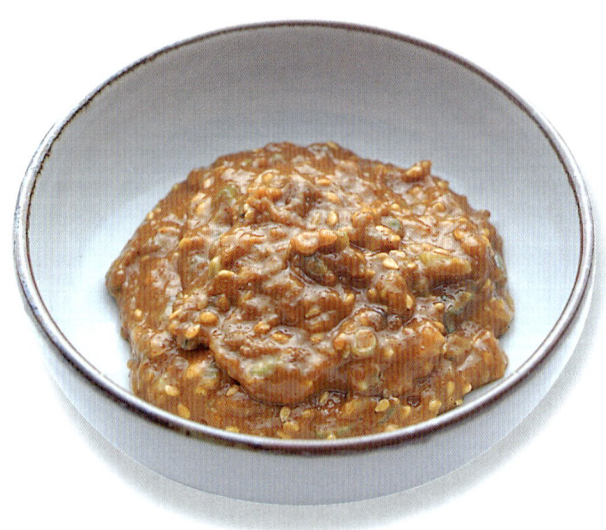

막장 조선시대에 된장 대용으로 사용한 일종의 속성 된장이 다. 보리 생산이 많은 남부 지방에서 많이 담그며, 요즘에는 쌈장으로 이용되고 있다.

즙장

콩과 밀기울을 1:2 또는 1:3 비율로 섞어 메주를 쑨 뒤 띄워 다시 가루로 만들고 소금물과 가지, 오이, 고춧잎 등의 채소를 말렸다가 장에 넣어 걸쭉하게 담가서 뚜껑을 덮고 따뜻한 곳에서 삭힌다. 겨울철에 먹는데 새콤하면서도 감칠맛이 나는 장류이다. 담그는 시기는 늦가을이며 10일 정도 익혀서 먹는다. 전라도, 경상도, 충청도에서 많이 담그며, 옛날에는 유지로 봉하고 항아리를 진흙으로 발라 두엄 속에서 삭혔다.

생황장

삼복 중에 누룩을 이용하여 콩과 섞어서 담근다.

청태장

청태콩을 시루에 쪄서 떡 모양으로 하고 균주는 콩잎을 이용하여 위에 덮어 씌워 발효시킨다. 햇고추를 섞어 간을 맞춘다.

쌈장

상추쌈이나 배추쌈을 먹을 때 쓰이는 가공된장으로 된장과 고추장(4 : 1)에 마늘 다진 것, 참기름(또는 식용유), 참깨(또는 깨소금), 파 다진 것, 꿀이나 설탕, 채 썰거나 다진 붉은 고추와 풋고추를 첨가하여 찌거나 끓여 만든다. 여기에 쇠고기와 버섯을 넣기도 한다.

생치장

암꿩 3~4마리의 살코기만을 잘 다지고 쪄서 진흙같이 만들어 조피가루와 생강즙, 장물로 간을 맞추어 볶아서 만든다.

지례장(지엄장/찌엄장/무장)

'우선(지레〉지레) 먹는 장'이라는 의미로 10월에 장메주를 쑬 때 메줏가루에 김칫국물을 넣어 익혀서 밥반찬으로 먹는다.

깻묵장

볶은 콩을 띄운 것에 생강, 마늘, 고추, 무, 참깻묵을 섞어 만든 장이다. 전라도 나주 지방에서 주로 담근다.

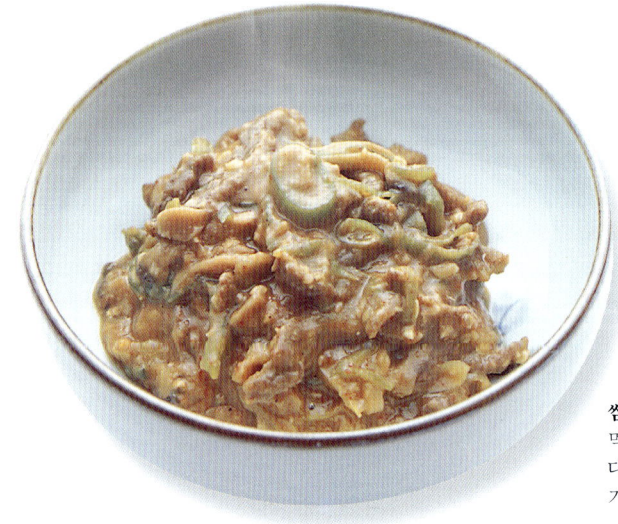

쌈장 상추쌈이나 배추쌈을 먹을 때 쓰이는 가공된장이다. 사진은 된장에 버섯, 고기 등을 넣고 만든 것이다.

두부장

물기를 제거한 두부를 으깨어 된장 또는 고추장 항아리에 넣고 간이 배게 한 다음 이내 꺼내어 참깨, 참기름, 고춧가루를 혼합하여 베자루로 덮어 발효시킨 후 한 달 후에 먹는다. 사찰 음식으로 대흥사의 두부장이 유명하다.

청육장

콩을 볶아 탄 것은 빼고 껍질을 벗긴 후 삶아서 그 즙은 받아 두고 삶은 콩을 띄워서 콩즙과 함께 쇠고기, 무, 다시마, 고추 등과 담가 먹는 것이다.

합자장

홍합 삶은 물에 소금을 넣어 끓인 것으로 남해 지방에서는 채소 요리에 많이 사용한다. 요즘의 액젓 형태라고 볼 수 있다.

비지장

날씨가 선선할 때 콩비지로 담가 먹는 장으로 매우 부드럽고 구수한 맛이 난다.

팥장

팥과 밀가루로 메주를 만들어 담근 장이다.

등겨장(시금장)

불에 구운 보리 또는 속등겨를 이용하여 보리밥과 섞어 만든 장이다.

어육장

말린 쇠고기, 생치, 전복, 도미 등을 항아리에 넣고 소금물을 붓는 장으로 감칠맛이 있다.

멸장

멸치젓의 건지에 소금과 물을 넣고 끓여서 맑은 부분을 콩간장처럼 사용하는 것으로 충청도 도서 지방에서 주로 쓴다. 어장(魚醬)이라고도 하는데, 콩이 귀한 전라도와 경상도 남해의 섬에서는 콩 대신 멸치로 장을 담갔다.

볶음장

콩을 볶아서 맷돌에 간 뒤 삶아서 시루에 띄우는 장이다.

궁중의 장

궁중에서는 장을 담그는 시기와 용도 등에서 민가와는 다른 풍습이 있었다고 한다. 궁중에서는 메주를 직접 쑤지 않고 궁 밖에서 메주를 쑤어 들여왔다. 추수철에 콩을 주어 메주를 쑤게 했는데, 콩 1섬을 주면 보통 메주 5말을 가져오게 하고 나머지 5말은 보수로 주었다고 한다.

진장은 절메주로 담갔는데 지금의 세검정인 자하문 밖의 백성이 쑤어서 4월 말에 들여왔다고 한다. 절메주는 보통 메주와는 쑤는 시기나 발효법이 다르다.

음력 4월 새 풀이 무성하게 자랄 무렵 검정콩을 푹 삶아 절구에 찧거나 가마니 위에 삶은 콩을 부어 베버선을 신고 발로 밟아 으깬 후 메주를 빚는다. 그 크기가 보통 집메주보다 4배 가량 크고 넓적하게 만든다. 띄울 때는 새 풀을 베어다가 빚은 메주를 얹고 다시 그 위에 풀을 덮어서 단시일에 까맣게 띄운다.

장 담그는 시기와 숙성 기간

정월장	70~80일 정도
2월장	50~60일 정도
3월장	40~50일 정도

중장은 절메주가 아닌 일반 집메주로 쑨다. 집메주는 음력 10월이나 동짓달에 쑤어 목침 모양으로 만들어 꾸덕꾸덕하게 말린 후 메주 사이에 볏짚을 놓아 차곡차곡 쌓아서 훈훈한 온돌방에서 띄운다. 짚으로 둘씩 매달아 겨우내 띄운다. 집메주도 궁에서 띄우지 않고 백성들이 띄운 것을 공물로 들여온다. 고추장은 떡메주로 담그기도 하고 집메주로 담그기도 하였다.

궁중의 장은 불에 달이지 않고 볕에만 쬐면서 오래 묵혔다. 날이 좋으면 뚜껑을 열어 볕을 보게 하고 이로 인해 장이 증발하여 양이 줄어들면 나란히 있는 독 중에 담근 햇수가 짧은 장독에서 부족한 만큼 떠서 오래된 장독에 보충하여 간장독은 항상 독전까지 장을 채워 놓아야 했다. 간장독이 독전까지 가득 차지 않으면 장독 관리가 잘 안 된 것으로 보았다.

궁중에서는 음식에 된장이나 고추장을 넣는 일이 거의 없었기 때문에 간장에 유난히 신경을 쓰고 정성을 기울인 듯하다. 조선 말기 임금인 고종과 순종은 특히 매운 것과 짠 것을 싫어했다고 한다. 아주 드물게 일 년에 한두 차례 된장찌개를 찾으면 '절미된장조치' 라고 하여 맛깔스럽게 조금씩 끓여 올렸고 김쌈에 약고추장(고추장볶음)을 넣어 먹었다고 한다.

조선시대에 궁중에서는 섣달 그믐날 메줏물을 먹는 풍습이 있었다고 한다. 섣달 그믐날 새벽, 흰 항아리에 소금물 끓인 것을 식혀서 담고 거기에 메주를 뚝뚝 떼어 넣었다가 우러난 물을 왕과 왕비를 비롯하여 아래 궁인들까지 마시는 것으로 이를 '무장' 이라고 했다. 이는 묵은 해를 보내고 새해를 맞이하기에 앞서 악귀를 물리친다는 뜻을 가진 듯하다.

궁중 상차림 궁중에서는 음식에 된장이나 고추장을 넣는 일이 거의 없었으므로 간장에 특히 신경을 쓰고 정성을 기울였다.

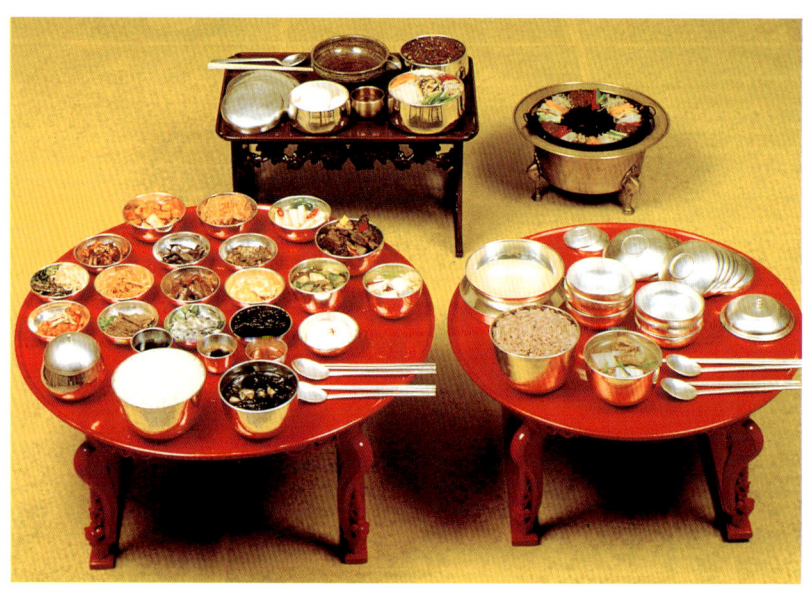

장 담그기

『증보산림경제』에 의하면 "장(醬)은 장수(將帥)라는 뜻이니 모든 음식 맛의 으뜸이다. 그 집안의 장맛이 좋지 아니하면 아무리 좋은 채소나 고기가 있어도 좋은 음식을 만들 수 없다. 설혹 촌야(村野)의 사람들이 고기를 쉽게 얻을 수 없다 해도 여러 가지 잘 담근 장이 있으면 반찬 걱정은 없다. 우선 집안의 어른은 반드시 장 담그는 법에 유의하여 두고두고 쓸 수 있는 방도를 생각해야 한다"라고 기록하고 있어 장의 중요성을 살필 수 있다.

장은 온갖 음식의 간을 내는 기본 조미료로서 한번 담그면 일 년 또는 장기간에 걸쳐 먹는 저장식이어서 정성을 다하여 담고 간수한다. 따라서 때를 놓치지 않고 장을 담가야 하며 이와 관련하여 장 담기 좋은 날과 꺼리는 날, 장 담글 때의 금기사항, 장독 고르는 법 등 여러 풍습이 전해져 오고 있다.

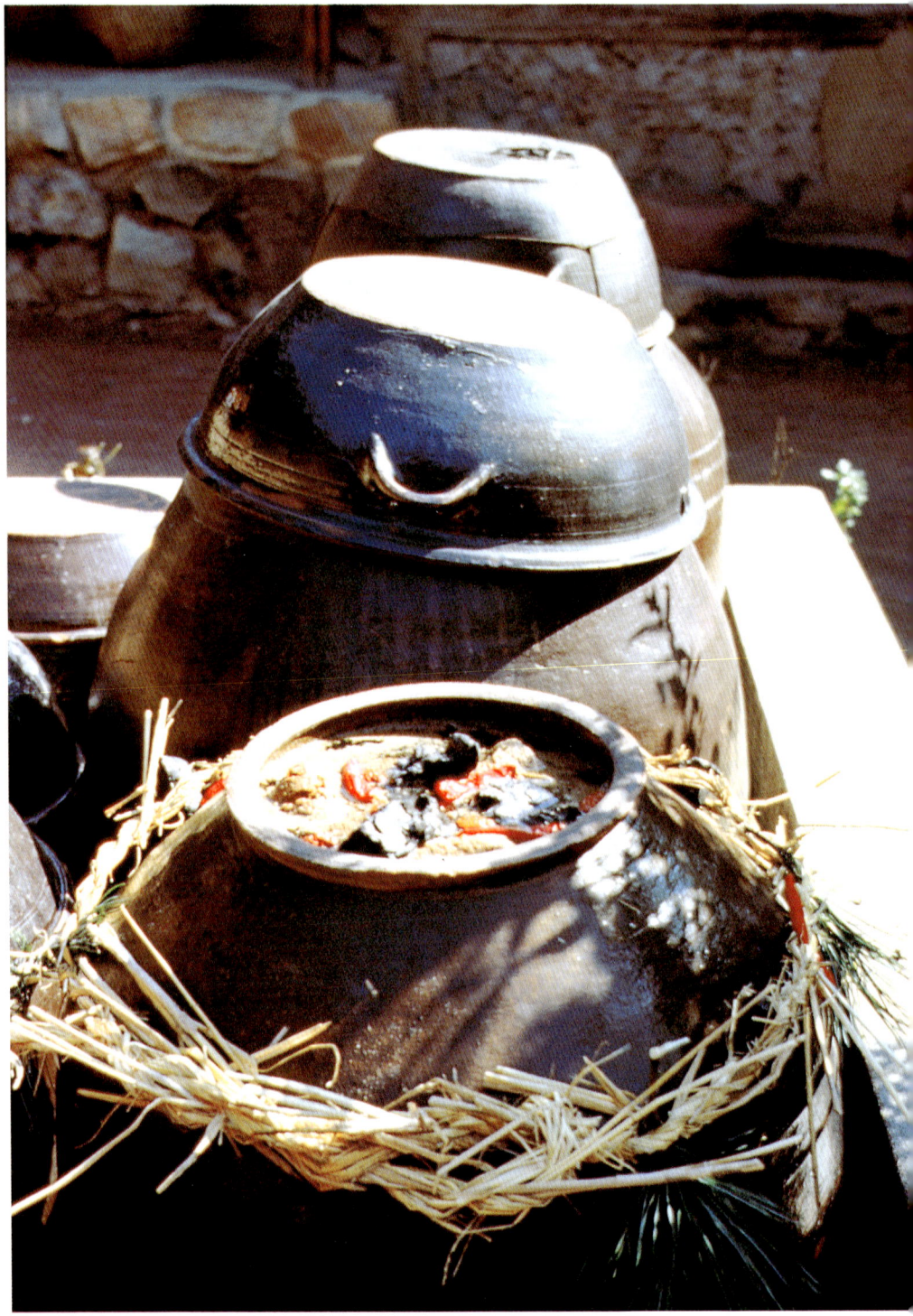

장 담그는 날

옛 문헌을 종합해 보면 음력 정월 말(馬)날인 오일(午日) 또는 그믐, 손 없는 날, 병인일(丙寅日), 정묘일(丁卯日), 제길신일(諸吉神日), 정일(正日), 우수(雨水: 양력 2월 18일경), 입동(立冬: 양력 11월 8일경), 황도(黃道), 삼복(三伏)이 장 담기 좋은 날이라 하였다. 그런가 하면 수흔일(水痕日, 큰달 : 1, 7, 11, 17, 23, 30일, 작은달 : 3, 7, 12, 26일을 말함)에 담그면 가시(구더기)가 생긴다고 하였고, 신일(申日)에 담그면 장맛이 시어진다고 하여 장 담그기를 피했다. 이러한 이유로 신(申)씨 성을 가진 사람들은 장을 담그지 않고 주변에서 얻어 먹었다는 이야기도 전해 내려온다.

일단 장 담그는 날을 정하면 외출을 금하고 아울러 가족이 아닌 다른 사람의 출입도 삼갔다. 특히 부정한 사람의 근접을 막았으며 남의 집 장을 손가락으로 찍어 맛보지 못하게 하였다. 장 담그는 당일에는 목욕재계하고 메주 한 덩이, 소금, 볶은 고추 등을 소반에 차려 놓고 고사를 지냈다.

이러한 풍습은 장 속 미생물에 의해 장맛의 좋고 나쁨이 결정되기 때문이다. 미생물은 공기, 물, 위생상태 등 자연환경과 생활환경에 의해 많은 영향을 받으므로 지방마다, 집집마다 장맛이 달라질 수밖에 없다. 따라서 미생물의 존재가 잘 알려지지 않았던 예전에는 그만큼 장에 관한 속신이 많았다고 보여진다.

장독 장을 담고 나서 독어깨에 짚으로 새끼를 꼬아 청솔가지나 고추, 숯을 매어 놓기도 하였는데, 이것들은 모두 잡귀를 막는다고 믿었다.

장독 고르기

예부터 장은 잘생기고 좋은 독에 담았다. 장맛이 좋았던 장독은 그뒤로도 계속 장독으로만 사용하였다. 또한 독 자체에 의해서도 장맛이 좌우되기 때문에 독을 만드는 흙을 선택하는 일에도 신경을 썼다. 진흙은 대개 7월에 파낸 배토(坯土)를 상품(上品)으로 여겼으며 오뉴월에 구운 것은 음식이 쉬고 썩기 쉬우며 골마지가 낀다고 하여 반드시 겨울에 구운 독을 사야 좋다고 하였다. 가볍고 두드리면 쇳소리가 나는 것이 좋은 독이다.

장독 풍경

장을 담고 나서 장독 속에 붉은 고추, 대추 등을 넣거나 달군 숯을 띄우기도 한다. 또 짚으로 새끼를 꼬아 독어깨에 매어 놓기도 하며 여기에 청솔가지를 함께 매달기도 한다. 이것들이 모두 잡귀를 막는다고 믿었다. 고추의 붉은색과 청솔가지의 푸른색, 흰색 등은 양색(陽色)이며 이 가운데 붉은색과 푸른색은 양색 가운데 제일이다. 이 두 가지 색은 잡귀가 싫어하는 색으로 잡귀가 가까이 오는 것을 막아 장맛이 변하지 않게 한다는 벽사의 의미가 담겨 있다. 또 버선본을 종이로 오려 독에 거꾸로 붙여 놓기도 하는데 이는 장맛이 변했더라도 다시 제 맛으로 돌아오라는 뜻과 장을 더럽히는 귀신이 버선 속으로 들어가 나오지 못하게 한다는 뜻을 지니고 있다.

또한 장독을 아침저녁으로 깨끗이 닦아내고 햇볕이 좋을 때 뚜껑을 열어 두는 것은 햇볕을 쪼여 유해 미생물을 제거하고 유익한 미생물의 증식을 향상시켜 발효에 도움을 주기 위해서이다. 이러한 풍습은 단지 주술적인 의미에 국한된 것이 아니라 과학적인 근거가 뒷받침되고 있다. 한 예로 숯과 고추는 흡착효과와 살균효과가 있어서 발효를 돕고 부패하는 것을 막아 주는 역할을 한다.

장독대

한 집안의 음식맛과 품격은 장독에서 비롯되었다. 그래서 어머니들은 장독대를 소중하게 생각하고 정갈하게 관리하였다. 장맛으로 그 집안의 음식맛을 가늠하였고 장독의 관리 소홀로 인한 장맛의 변질은 곧 집안의 변고를 알리는 것이라고 여겼기 때문에 한시도 이들의 관심과 정성이 떠난 적이 없었다.

장독대는 볕이 잘 드는 양지바르고 바람이 잘 통하는 곳에 있어야 하며 부엌과 가까운 동쪽에 만드는 것이 보통이다. 또한 벌레가 꼬이지 않도록 마당보다 높게 단을 쌓아 만들고 장독대 뒤쪽에는 큰 독을 한 줄로 놓고 그 앞에 작은 중두리를 놓고 그 앞에는 항아리를 줄지어 놓는다. 큰 독에는 주로 간장을 담고 중두리에는 된장, 막장을, 항아리에는 고추장을 담는다.

장독의 모양은 지역에 따라서 제법 차이가 나는데 중부 지방의 것이 남부 지방의 것보다 독의 배부분 지름이 좁고 키가 크며 입이 넓다. 중부 지방의 것이 입이 더 넓은 이유는 남부보다 기온이 낮으므로 볕을 더 많이 쬐게 하려는 목적이 있다.

한편 장독대는 가정에서 가장 신성한 곳으로 생각했기 때문에 놓여지는 장독도 가지런하고 예쁘게, 질서정연하게 놓아 균형을 맞추었다. 장독대 근처에는 나무를 심지 않았는데 이것은 나무 그늘이 지는 것을 두려워했기 때문이다. 또

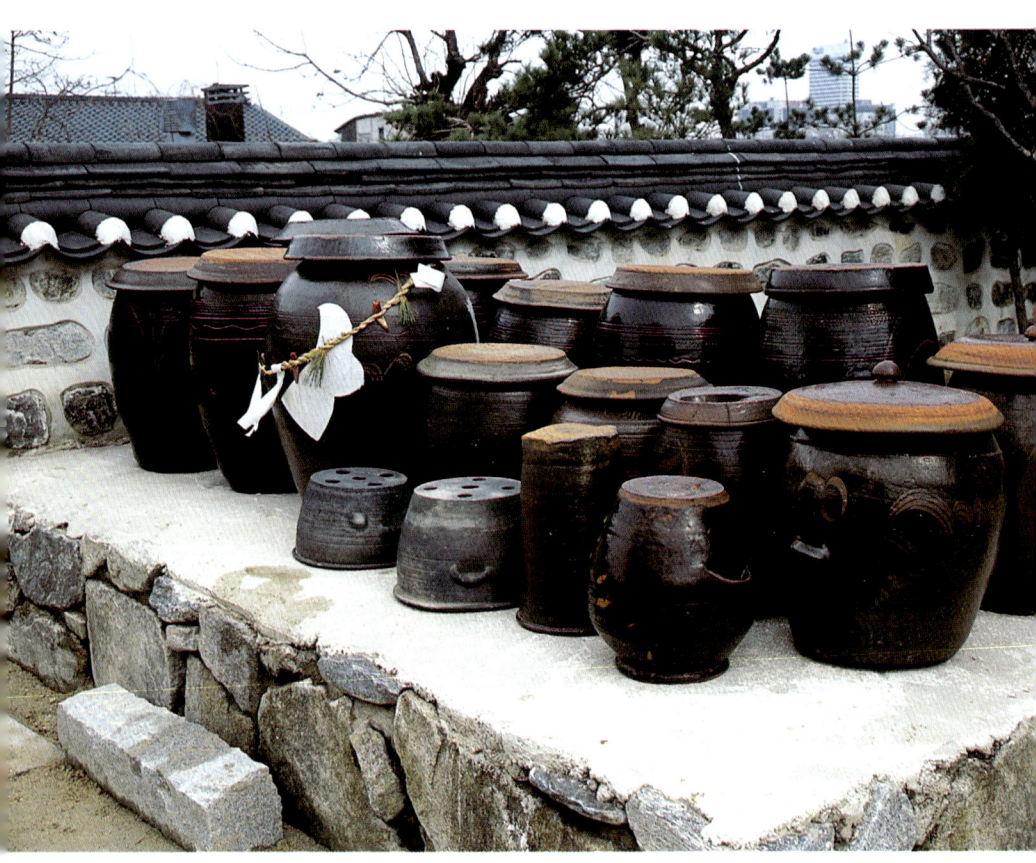

장독대 장독대는 집안에서 가장 신성한 곳으로 생각했기 때문에 항상 장독 주변을 정갈하게 하고 장독 역시 가지런하고 질서정연하게 놓아 균형을 맞추었다.

장독대의 자리가 좋고 장독이 번듯하고 가지런하면 그 집안이 크게 일어날 것이라 했으며, 이사 갈 때는 장독대부터 옮겨 놓았다. 행여 장맛을 잃을까 하여 장독 주변을 언제나 정갈하게 하고 매일 깨끗이 닦아 장독에 윤이 반들반들하게 나도록 간수하였다. 심지어 시집갈 규수를 보러 온 매파나 시집 식구는 장독대를 보고 그 집의 사람됨과 살림 수준을 짐작하고 혼사 여부를 결정하였다고 한다.

장독대는 고사를 지내는 제단으로 사용되기도 하였다. 장독대에다 정화수 한 사발을 올려 놓고 집안 식구들의 무사무병과 과거급제, 임신과 자식의 건강 등을 기원했다. 이렇듯 장독을 향한 정성은 매우 지극하였다.

메주 쑤기

우리나라 고유의 발효식품인 간장, 된장은 콩, 소금, 물을 주원료로 하여 만들어진다. 먼저 콩을 삶아 일정한 모양으로 빚은 다음 이것을 띄우고, 이 메주를 소금물에 담가 숙성 발효시켜서 얻게 된다.

메주콩 선택

좋은 장맛을 내려면 콩의 선택에서부터 신경을 써야 한다. 장을 담그기 위해서는 장류용 콩을 사용하게 되는데, 여기에는 태광콩, 황금콩을 비롯하여 대개 20여 종이 있다. 콩 품종에서 낟알이 작은 콩은 콩나물콩 등 나물류이며, 진품콩은 콩비린내를 없앤 신품종으로서 특수가공용으로 널리 이용되고 있다.

메주콩은 껍질이 황색이고 100알의 무게가 17g 이상 되는 중대립종이며 단백질 함량이 38~40% 이상인 품종이 알맞다. 메주를 쑬 때는 가을에 수확되는 햇콩으로 알이 굵고 잘 여물고 벌레 먹지 않은 것을 선택하며 콩의 무름성이 좋고 발효성이 높은 것이 유리하다.

전통메주 쑤기

장류 제조과정에서 원료인 메주콩을 알맞게, 적절히 처리하는 일은 무엇보다 중요하다. 콩은 삶거나 찌는 방법으로 익히게 되는데 이때 익히는 정도에 따라 장의 품질에 많은 영향을 미치게 된다.

주의할 점은 첫째, 콩을 지나치게 익히면 세포조직이 효소가 침투하기 좋은 상태로 풀어졌다가 다시 단단하게 결합하기 때문에 좋지 않다. 둘째, 콩을 덜 익혀

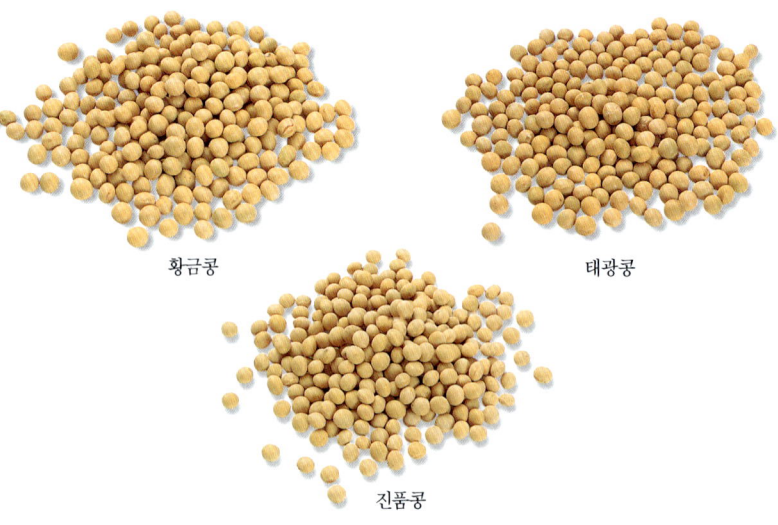

황금콩   태광콩

진품콩

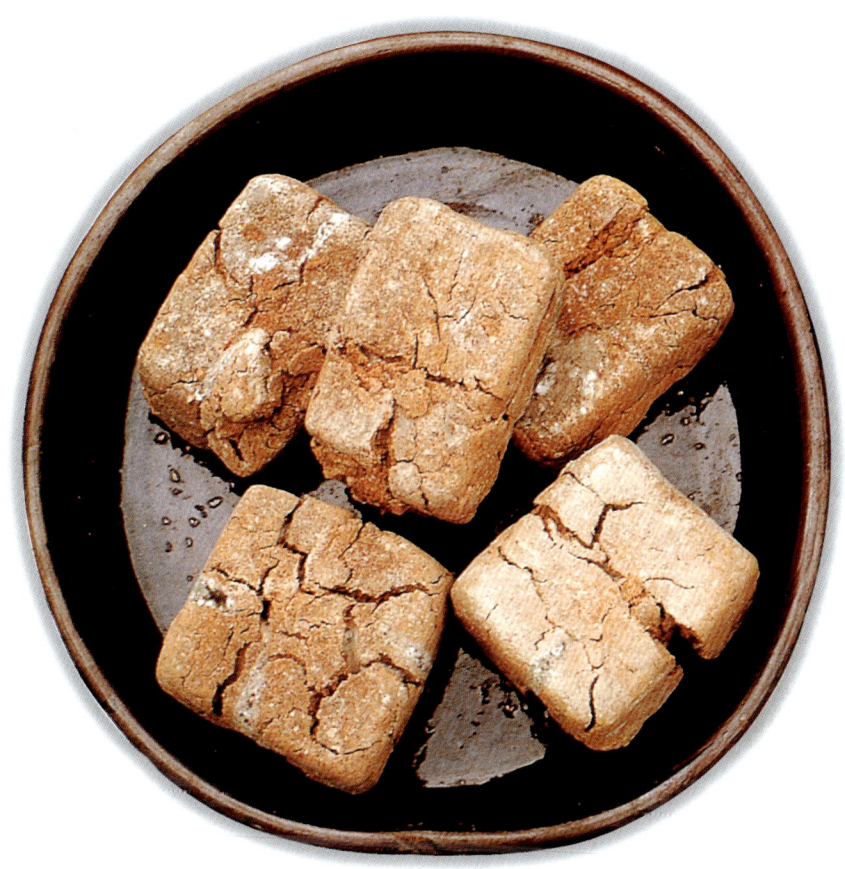

잘 떠운 메주 좋은 메주는 겉이 단단하고 속은 말랑하며, 곰 팡이는 흰색이나 노란색을 띠고 있다.

메주를 쑤면 여러 가지 분해효소가 제대로 침투하지 못해 발효가 제대로 이루어지지 않는다. 이러한 메주로 장을 담그면 간장의 색이 맑지 못하고 제대로 우러나지 않아 품질이 떨어진다. 셋째, 메주를 쑤는 날은 대개 입동으로 한다.

메주를 꼭꼭 밟아서 만드는 것은 콩단백질의 결속력을 높여서 미생물의 발효 증식이 잘 되도록 하기 위함이다. 또한 메주를 볏짚에 매달아서 말리는 이유는 자연의 미생물과 만나 발효시키는 과정에서 미생물을 잘 번식시키기 위한 것이다. 메주의 숙성 및 발효에 관여하는 주 미생물은 바실러스 서브틸리스이다. 이 바실러스 서브틸리스는 물 맑고 햇빛 좋고 공기가 깨끗한 기후 조건을 지닌 우리나라에서 활발한 작용을 하는 것으로 알려져 있다. 바실러스 서브틸리스는 짚을 좋아하는 성질을 가지고 있는데, 볏짚 속의 바실러스 서브틸리스를 이용해 메주를 발효시킨 우리 조상들의 지혜가 돋보인다.

장독대에 짚으로 왼새끼를 꼬아 금줄을 치는 이유도 잡스러운 것이 접근하지 못하게 한다는 주술적인 의미와 함께 이 바실러스 서브틸리스의 배양을 위한 것이다. 아울러 메주를 말리는 과정에서 유해한 미생물의 독성물질(아플라톡신)을 제거하게 된다.

요즘은 메주를 집에서 쑤지 않고 구입하여 장을 담기도 하는데, 이때 좋은 메주를 고르는 것이 중요하다. 좋은 메주는 겉이 단단하고 속은 말랑하며, 곰팡이는 흰색이나 누란색을 띠어야 좋다. 검은색이나 푸른빛이 도는 것은 잡균이 번식한 것이다. 그리고 메주의 색은 붉은빛이 도는 황색, 즉 밝은 갈색이 나는 것이 좋다.

| 재료 |

메주콩 1말(소두 1말은 8ℓ, 대두 1말은 16ℓ)

물(콩의 3배 정도의 양)

| 만드는 법 |

1. 햇메주콩을 골라 잘 씻어 일어서 콩의 3배 정도의 물을 붓고 12시간 이상 불린다. 이때 불린 콩은 원래의 2~2.5배 중량이 된다.

2. 솥에 불린 콩과 물을 넣고 삶는데 처음에는 센불로 끓이다가 끓으면 불을 약하게 줄여 콩이 약간 붉은빛이 돌 때까지 삶는다.(콩의 양과 삶는 도구에 따라 다를 수 있지만 약 2시간 정도 삶는다.)

3. 삶은 콩을 소쿠리에 건져 물기를 빼고 뜨거울 때 절구나 분쇄기에 넣어 곱게 찧어서 베보자기를 깐 메주틀에 넣어서 네모나게 만들거나 또는 원형으로 단단하게 만든다. 메주콩 1말이면 메주덩이 3, 4개 정도를 만든다.

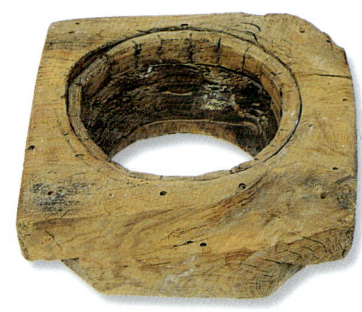

메주틀

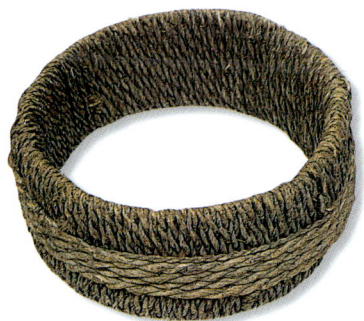

[메주 쑤는 과정]

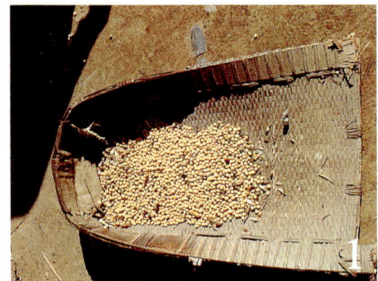

메주콩을 준비한다.

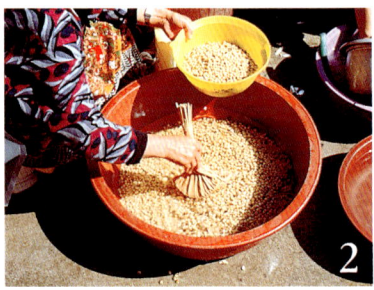

메주콩을 잘 씻어 일어서 콩의 3배 정도 물을 붓고 12시간 이상 불린다.

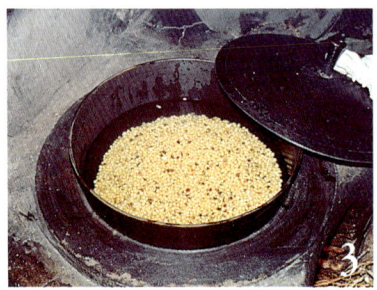

솥에 불린 콩과 물을 넣고 삶는다. 센불로 끓이다가 끓어오르면 약하게 줄여 콩이 약간 붉은빛이 돌 때까지 삶는다.

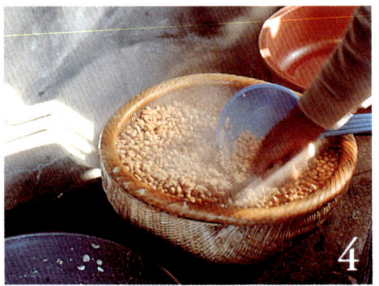

삶은 콩을 소쿠리에 건져 물기를 뺀다.

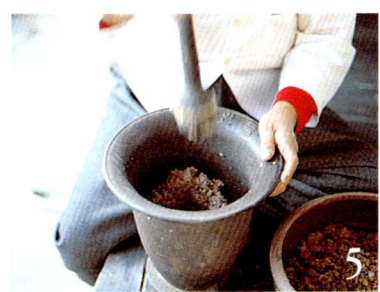

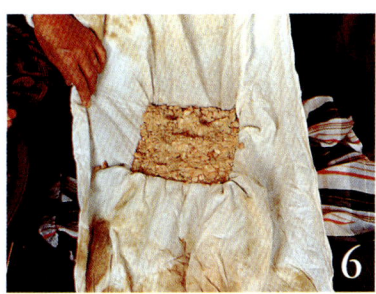

뜨거울 때 절구나 분쇄기에 곱게 찧는다.

베보자기를 깐 메주틀에 넣어서 네모 또는 원 형
태로 단단하게 만든다.

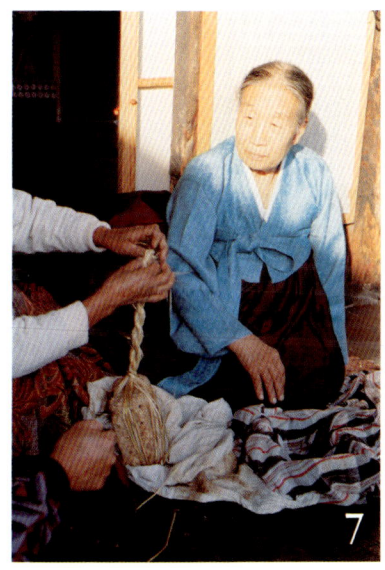

메주를 말렸다가 알맞게 뜨면 짚으
로 새끼를 꼬아 십자로 묶어 겨우내
실내에 매달아 둔다. 이른봄 장 담그
는 시기가 오면 햇볕에 쬐어 말린다.
사진 속의 인물은 하회마을 양진당
김명규 할머니이다.

4. 햇볕이 잘 들고 바람이 잘 통하는 곳에 볏짚을 깔고 그 위에 메주덩이를 놓고 7~10일 정도 꾸덕꾸덕하게 말린다. 겉표면이 마르지 않은 상태에서 뜨면 유해한 곰팡이가 번식할 수 있다.

5. 메주의 겉면이 말랐으면 가마니나 상자에 짚을 깔고 서로 붙지 않게 켜켜이 메주와 짚을 깔고 덮어서 따뜻한 온돌방이나 보일러실에서 띄운다. 따뜻한 방에 약 2주 정도 두면 곰팡이가 두루 덮인다. 이때 흰곰팡이나 노랑곰팡이가 피는 것이 좋다. 온도가 지나치게 높거나 습기가 많으면 잡균이 번식하여 장맛이 나빠지므로 주의한다.

6. 메주가 알맞게 뜨면 짚으로 새끼를 꼬아 십자로 묶고 끈을 만들어 겨우내 방 안 또는 선반에 매달아 두었다가 이른봄이 되어 장 담그는 시기가 오면 햇볕에 쬐어 말린다.

간장 담그기

간장은 메주와 소금물의 농도, 소금물의 비례, 숙성과정 중의 관리 등에 의해 맛이 좌우된다. 간장은 담그는 시기에 따라 음력으로 정월장, 2월장, 3월장으로 구분되며 대개 2월장이 좋다고 알려져 있다. 기온이 높아짐에 따라 소금이 많이 들기 때문에 계절에 따라 소금량을 조절해야 한다. 또 간장은 제조방법에 따라 재래식 간장, 개량식 간장(양조간장), 산분해간장, 효소분해간장, 혼합간장 등이 있으며 각각의 용도가 다르다.

간장을 담그려면 메주와 소금, 물, 고추, 숯, 대추 등이 필요하다. 우선 메주는 잘 뜬 것이어야 한다.

겨우내 매달아 둔 메주는 볏짚이나 공기중에서 여러 미생물이 자연적으로 들어가 발육하게 되고, 이들 미생물이 콩의 성분을 분해할 수 있는 단백분해효소(protease)와 전분분해효소(amylase)를 분비하게 된다. 이렇게 만들어진 메주를 장 담기 2, 3일 전에 솔로 깨끗이 씻어서 먼지와 유해한 곰팡이 등을 1차로 제거하고 햇볕에 다시 말려 2차로 유해 미생물을 제거한다.

소금은 주성분이 염화나트륨이며 그 밖에 미량의 칼슘염, 마그네슘염, 칼륨염, 철 등을 함유하고 있다. 장에 이용되는 소금은 굵은 소금으로 부르는 천일염(호염)을 사용한다. 장을 담기 위한 천일염은 가을철에 미리 구입하여 소금포대 밑

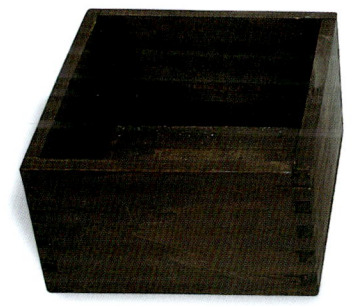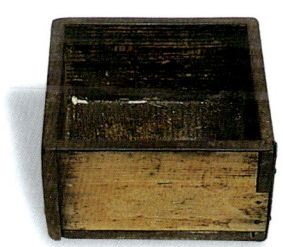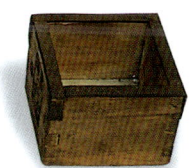

되 소금이나 콩 등의 양을 측정하는 계량기구이다. 보통 되라고 하면 10홉〔合〕을 말하는데, 이를 큰되(대두)라 하고, 이것의 절반 되는 용기를 작은되(소두)라고 한다. 1되는 약 1.8 *l* 이다.

에 막대기를 받쳐 간수를 저절로 빠지게 한 다음 사용한다. 이때 모아 둔 간수는 두부를 만들 때 유용하다. 소금이 맛있으면 장맛이 좋으므로 소금의 선택에 각별히 주의해야 한다.

소금을 넣는 양은 장 담그는 시기에 따라 달라진다.

장 담그는 시기와 소금 농도

음력	양력	물	소금
정월장	2월경	1말	3되
2월장	3월경	1말	4되
3월장	4월경	1말	5되

물 또한 장맛을 결정하는 중요한 요소이다. 오염되지 않은 깨끗한 맑은 물, 생수 등을 사용한다. 예전에는 납설수(납일臘日에 내리는 눈을 녹인 물. 해독, 살충효과가 있다고 함. 납일은 동지 뒤 셋째 미일未日)나 북쪽 응달에 있는 샘물일수록 좋다고 하였다.

고추는 액을 예방하는 주술적인 의미와 함께 살균작용 및 방부효과를 목적으로 넣는다. 숯은 고추와 마찬가지로 주술적인 의미와 함께 간장 발효과정에서 이상 발효로 인한 잡내를 흡수하고 간장을 맑게 해 주는 효과가 있다. 대추는 간장의 색이 대추처럼 붉고 진하고, 간장의 맛에 단맛이 우러나오도록 기원하는 것이다. 또 대추의 붉은색은 벽사의 의미도 있다.

장을 담그기 전에 독을 깨끗하게 소독하고 물기를 제거해 둔다. 독 안을 소독하거나 구멍이 나 있는지 확인할 목적으로 예전에는 볏짚에 불을 지핀 후 그 위에 독을 얹어서 연기가 새어 나오는지 확인하였는데, 특히 독 안에 참숯을 빨갛게 달구어 놓고 꿀을 한 종지 부어서 태우면 소독도 되고 좋은 향이 퍼지게 된다고 하였다.

| 재료 |

메주 띄운 것 1말(3~4덩이)　　　소금(천일염) 1.6말

물 4말　　　　　　　　　　　　대추 5~10개

붉은 고추 7~10개　　　　　　　숯 3~4덩이

| 만드는 법 |

1. 메주는 물에 넣고 솔로 깨끗이 문질러 씻은 다음 햇볕에 잘 말려 반으로 쪼갠다.

2. 장 담기 하루 전에 소금은 분량의 물에 잘 풀어 녹인 다음 가라앉힌다. 이때 메주콩과 소금, 물의 비율은 1:1.0~1.2:3~4가 되게 한다.

3. 독은 깨끗이 닦아 소독하여 물기를 거둔 다음 1의 메주를 차곡차곡 넣는다.

4. 3의 독 위에 소독한 보자기를 펴 놓고 2의 가라앉힌 소금물을 붓는다. 메주가 떠오르면 염도계로 17~19° 보메(Bé)로 염도를 맞춘다. 염도계가 없으면 씻어서 물기를 제거한 달걀을 띄워서 1/4 정도 뜨면 대개 염도가 맞는 것이다. 만약 메주나 달걀이 가라앉으면 싱거운 상태이므로 소금을 더 풀어 넣어야 한다.

5. 간장을 담근 지 이틀이 지나면 숯을 달구어서 넣고 깨끗이 닦은 대추와 붉은 고추를 넣는다.

[간장 담그는 과정]

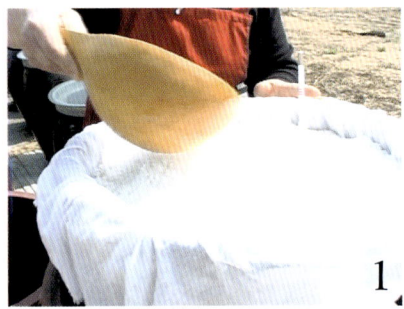

장 담그기 하루 전에 소금
은 물에 잘 풀어 녹인 다음
가라앉힌다. 사진 ⓒ 이토
그램

1

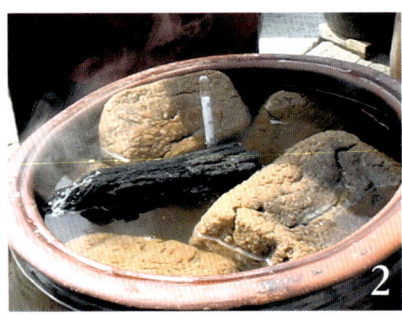

씻은 메주를 독에 차곡차
곡 넣고 소금물을 붓는다.
메주가 떠오르면 염도계를
써서 17~19° 보메로 염도
를 맞춘다. 사진 ⓒ 이토그
램

2

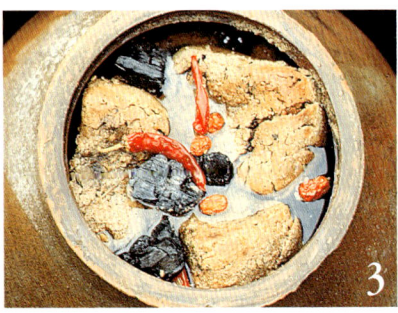

장에 이물질이 생기지 않
도록 숯을 달구어서 넣고
깨끗이 닦은 대추와 붉은
고추를 넣는다.

3

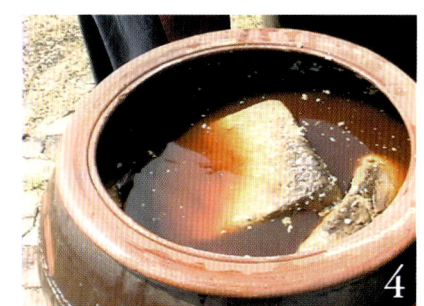

햇볕이 좋은 날은 볕을 쪼여 가며 대략 40~60일 정도 숙성시킨다. 사진 ⓒ 이토그램

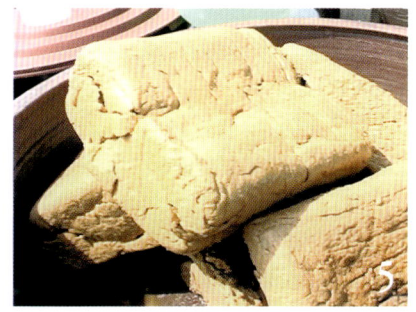

숙성 후 간장의 맛과 색, 향이 우러나면 먼저 메주를 건져낸다. 사진 ⓒ 이토그램

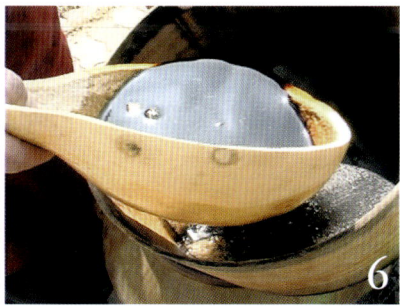

남은 찌꺼기는 고운 체나 베보자기에 받쳐 걸러서 간장을 분리시킨다. 날간장은 뭉근한 불에 달인 뒤 식혀서 독에 붓고 저장한다. 사진 ⓒ 이토그램

6. 독 입구를 망사로 씌워 이물질이 들어가지 않게 한 다음 햇볕이 좋은 날이면 뚜껑을 열어 볕을 쪼여 가며 숙성시킨다.

7. 대개 40~60일 정도의 숙성, 발효 기간이 지나 간장의 맛과 색, 향이 우러나면 메주와 간장을 분리한다.

8. 간장을 뜰 때 먼저 메주가 흩어지지 않도록 건져내고 남은 찌꺼기를 고운 체나 베보자기에 받쳐 걸러서 간장을 분리시킨다. 다른 방법으로는 독 가운데에 용수를 박아 두고 간장을 떠낸 다음 메주를 건져낸다.

9. 8의 분리된 간장을 날간장이라고 한다. 이것을 솥에 붓고 가열하여 달이는데, 뭉근한 불에서 달이고 이때 생기는 거품은 건어내야 한다.

10. 달인 장은 완전히 식힌 후에 독에 붓고 저장한다.

겹장 담그기

겹장은 덧장이라고도 한다. 메주를 소금물에 담가 숙성, 발효시키는 막간장이 아니라 한해 전에 미리 담가 놓은 간장에다 다시 메주를 넣어 간장을 우려낸 것을 말한다. 겹장을 걸러내고 남은 메주는 된장으로 잘 사용하지 않는다.

∷ 장을 달이는 이유

달이지 않은 날간장은 맛과 향이 떨어지고 각종 효소와 미생물이 남아 있어 저장성이 좋지 않다. 간장을 달이는 주 목적은 살균처리하여 저장성을 높이고 간장을 맑게 하는 동시에 졸이는 효과로 인해 맛과 향이 좋아진다는 데 있다.

된장 담그기

일반적으로 된장은 간장을 분리하고 난 메주를 이용하기 때문에 만들기가 비교적 간단하다. 된장은 메주를 쑬 때 사용한 재료의 종류와 양, 숙성 시간, 소금의 양 등에 따라 풍미와 품질이 달라질 수 있다. 된장이 구수한 맛을 지닌 것은 콩단백질이 분해되면서 생성되는 아미노산, 전분에서 생성된 당, 숙성 발효과정에서 생기는 젖산, 구연산, 호박산, 초산, 말산 등과 같은 여러 유기산들이 혼합되기 때문이다.

된장은 보관과 관리를 잘 해야 맛있게 먹을 수 있다. 간장은 해를 거듭할수록 맛이 좋아지지만 된장은 묵은 것보다는 햇된장일수록 좋다. 된장을 뜰 때는 반드시 마른 주걱을 사용해야 하며 습기가 있는 것을 사용하면 장맛이 변한다. 된장을 떠내고 난 후에는 반드시 다지듯이 꾹꾹 눌러 위를 편편하게 한다.

된장의 색깔은 노랗고 윤기가 도는 것이 좋으며 특유의 향이 있어야 한다. 된장에 떫은맛이 도는 것은 숙성이 덜 된 것으로 품질이 좋지 않다. 된장에 물이 고이고 곰팡이가 필 경우 이것을 제거한 후 항아리에서 된장을 쏟아내고 곱게 빻은 메줏가루를 더운물에 버무려 된장에 섞고 소금간을 약간 세게 맞추어 소독된 항아리에 다시 꾹꾹 눌러 담고 그 위에 소금을 수북하게 뿌려 보존한다. 또 된장을 더욱 맛있게 하기 위해서는 메주콩을 삶아 으깬 후 소금을 첨가하여 버무려서, 간장을 빼고 남은 된장에 잘 섞어 준다.

| 만드는 법 |

1. 메주를 소금물과 함께 넣고 40~60일 정도 숙성 발효시켜 간장이 우러나면 메주는 건져내고 간장을 걸러낸다.

2. 건져낸 메주덩이를 부수어 고루 섞은 다음 간을 보아 싱거우면 소금을 섞어 버무린다. 소독된 항아리의 밑바닥에 소금을 약간 뿌린 뒤 버무려 둔 메주를 꾹꾹 눌러 담고 그 위를 소금으로 하얗게 덮어 둔다.

3. 항아리 입구를 망사로 씌워서 햇볕이 좋을 때는 뚜껑을 열어 볕을 쪼이고 해가 지면 뚜껑을 닫으면서 한 달 정도 숙성시켜 된장을 만든다.

간장을 빼지 않은 된장 담그기

맛있는 된장을 만들기 위해 간장을 빼지 않고 담글 경우, 깨끗이 씻은 메주를 말린 다음 장독에 차곡차곡 담고 소금물(18%)을 메주가 잠길 만큼 부어서 30~40일 정도 숙성시킨다. 숙성시킨 메주를 건져서 고루 주물러서 덩어리가 없게 하여 항아리에 담고 위에 켜켜이 소금을 뿌려 봉해서 익힌다. 이때 자주 햇볕을 쪼이면서 익힌다.

청국장 담그기

청국장은 장류 중에서 숙성 기간이 가장 짧다. 따라서 담근 지 2~3일만 지나도 바로 먹을 수 있는 장점이 있다. 이 장은 독특한 냄새를 지닌 것이 특징이며 콩

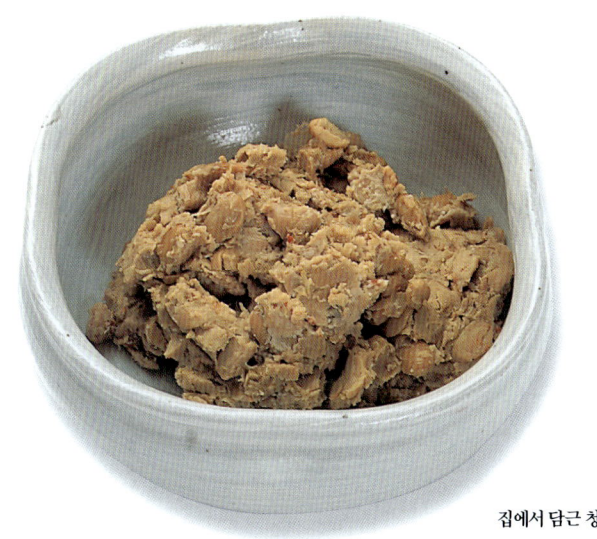

집에서 담근 청국장

을 가장 효과적으로 먹는 방법으로 손꼽힐 정도로 영양학적으로나 경제적으로
우수하다.

청국장의 냄새는 온화해야 하며 고린 냄새나 썩은 냄새가 나는 것은 좋지 않
고 쓴맛이 나는 것은 발효 온도가 적절하지 않았기 때문이다. 황색을 띠는 것이
좋으며 오래될수록 품질이 저하되므로 담근 후 되도록 빨리 먹는 것이 좋다. 또
가을에 햇콩으로 만들어 먹는 것이 좋다.

| 재료 |

메주콩 20컵   소금 $3\frac{1}{2}$ ~4컵

물 적당량   다진 마늘 4큰술

다진 생강 4큰술   고춧가루 3컵

| 만드는 법 |

1. 메주콩을 깨끗이 씻어 일어서 12시간 정도 3배의 물에 불린 후 솥에 물을 넉넉히 붓고 삶는데, 콩이 붉은빛이 돌 때까지 푹 삶는다.

2. 삶아진 콩을 소쿠리에 쏟아 물기를 거두고 차게 식혀서 짚을 간 시루나 소쿠리에 담아 짚과 삶은 콩을 켜켜이 놓고 보자기로 잘 덮은 다음 전체를 담요로 싸서 40℃ 정도 유지되도록 따뜻한 곳에 두고 띄운다.

3. 2~3일 경과하면 삶은 콩에 곰팡이가 피게 되고 끈적한 점성물질이 생기며 실이 나기 시작한다. 이것을 나무주걱으로 고루 섞어 준 다음 절구에 넣어 찧으면서 나머지 재료를 함께 조미하며 간을 맞춘다.

4. 조미한 청국장을 항아리에 꼭꼭 눌러 담은 후 서늘한 곳에 보관한다.

막장 담그기

막장은 메주를 빻은 메줏가루를 소금물에 버무려 담가 먹는 장으로, 막 담가서 먹을 수 있기 때문에 막장이라고 하고 이것을 빠개장 또는 가루장이라고도 한다. 주로 쌈장에 많이 사용하며 된장찌개용으로도 이용한다.

막장용 메주는 삶은 메주콩에 멥쌀, 보리 등의 전분질을 따로 익혀 혼합해서 주먹만하게 메주를 만들고 속이 노랗게 되도록 잘 띄운다.

| 재료 |

막장가루 1kg   물 1.5*l*

소금 250g   된 물엿(기호에 맞게)

| 만드는 법 |

1. 물을 끓인 후 완전히 식힌다.

2. 식힌 물에 소금과 막장가루, 된 물엿을 약간씩 넣은 후 버무려 두면 3주 후면 맛이 든다.

〈참고〉 찹쌀죽을 쑤어 함께 버무려도 좋다.

청육장 담그기

| 재료 |

흰콩 1되, 도가니 200g, 양지머리 200g, 대창(소 따위 큰 짐승의 대장) 200g,

사태 200g, 건대구(대) 1마리, 건전복(중) 2마리, 건해삼 4마리,

무(대) 1개, 파 2뿌리, 마늘 1큰술, 통고추 23개,

간장, 후춧가루 약간, 깨소금 1큰술, 참기름 2큰술

| 만드는 법 |

1. 콩은 잡물을 골라내고 깨끗이 씻어 건져 볶은 다음, 맷돌에 타서 키로 까불려 껍질은 버리고 볶은 콩은 물을 부어 삶는다. 콩물은 따로 둔다.

2. 콩을 건져 시루에 담아서 위를 덮고 더운 곳에서 띄운다.

3. 육류는 각각 손질해서 무를 넣고 푹 곤 다음 건더기는 썰어서 양념한다.

4. 전복은 불려서 곱게 다진다.

5. 해삼도 깨끗하게 손질하여 곱게 다진다.

6. 대구도 깨끗이 씻어 잘게 썬다.

7. 1, 3의 국물에 고기 양념한 것, 전복, 해삼, 대구, 무를 넣고 띄운 콩을 깨끗한
   자루에 넣어 같이 끓인다. 통고추도 갈아 넣어 끓인다.

8. 다 끓여지면 퍼서 놓았다가 식으면 기름을 걷어내고 먹을 때 고춧가루를 조
   금 쳐서 먹는다.

개량메주로 장 담그기

개량메주는 메주를 만드는 과정에서 단백질과 전분분해능력이 뛰어난 황국균
인 누룩곰팡이(Aspergillus oryzae 및 Aspergillus sojae)를 인위적으로 접종 배양
시켜 메주를 빚기 때문에 단시간에 제조 가능하다. 또한 맛이 균일하고 위생적
인 면에서 안전하고 제조시기에 제한이 없는 것이 특징이다. 개량메주는 볶은
밀가루나 쌀가루 등에 종균을 혼합하여 찌거나 삶은 메주콩에 혼합하여 띄운다.

개량간장 만들기

전통메주로 장을 담그는 방법과 같다. 개량메주를 씻어 장독에 넣고 물의 양
과 소금의 양을 정확히 확인한 뒤, 장 담기 하루 전에 소금을 완전히 녹여 깨끗이

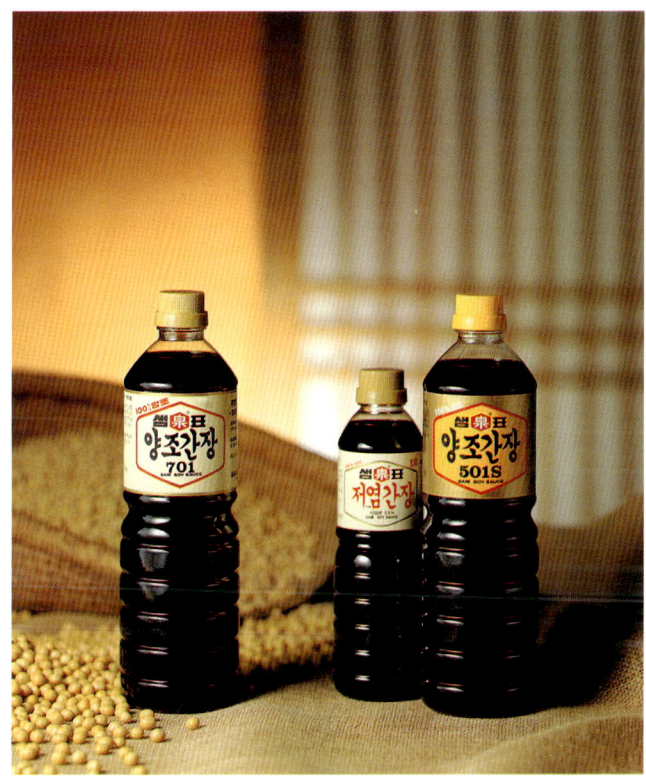

시판용 개량간장 개량간장은 개량메주를 사용한다는 것 외에 만드는 과정은 전통 간장과 동일하다. 맛이 균일하고 위생적인 면에서 안전하며 제조시기에 제한이 없는 것이 특징이다. 사진 ⓒ 샘표식품

소독된 장독에 붓고 마른 고추 3개, 참숯 3조각을 씻어 넣고 망과 뚜껑을 덮어 둔다. 메주는 표면의 먼지만 헹궈질 정도로 빨리 씻어 물기를 빼고 사용한다.

메주에 넣을 물과 소금의 양은 다음과 같다.

간장의 재료 배합 비율

간장 나오는 양	물의 양	메주 5.5kg(원료 콩5되)에 대한 물과 소금량					
		봄장 담글 때(염도 20°)			겨울장 담글 때(염도 19°)		
		죽염	한주소금	천일염	죽염	한주소금	천일염
①	10 *l*	20 *l*	6kg	5kg	6.3kg	5.4kg	4.6kg	5.8kg
②	5 *l*	15 *l*	4.5kg	3.7kg	4.73kg	4.13kg	3.5kg	4.35kg
③	2 *l*	12 *l*	3.6kg	3kg	3.8kg	3.3kg	2.8kg	3.5kg

■ 도표의 ③번은 알알이 메주를 이용하면 좋다.

■ 천일염을 사용할 경우 간수(염화마그네슘)가 빠진 소금을 이용한다.

■ 소금물에 담가 두는 기간 : 봄장 35~40일, 겨울장 55~60일

➡ 염도 : 죽염 83%, 한주소금 99%, 천일염 80% 기준

(자료 출처 : 사르트 바오로 수녀원, 백합메주)

개량된장 만들기

개량간장을 만든 뒤 남은 메주를 손으로 주물러 장독에 잘 눌러 담고, 소금을 약간 뿌린 뒤 망과 뚜껑을 덮어 30일 정도 더 삭혀서 먹는다. 맛있는 된장을 원할 때는 불린 메주콩을 푹 삶아 소금을 넣고 으깬 후 앞서 말한 방법대로 메주독에 버무려 담는다. 30일이 경과한 된장은 아래 위로 재혼합하여 한번 더 눌러 두면

더욱 좋다.

기호에 따라 된장이 너무 짜거나 빠른 숙성이 필요하면 막장가루 500g과 끓인 물 1ℓ 를 식혀 골고루 혼합하여 꼭 눌러 준다.

개량막장 만들기

재료로는 막장가루 1kg, 물 1.5ℓ , 소금 250g, 된 물엿이 필요하다. 먼저 물을 끓인 다음, 식힌 물에 소금과 고춧가루 약간, 물엿을 기호에 맞게 넣은 후 버무려 두면 3주 뒤에 맛이 든다.

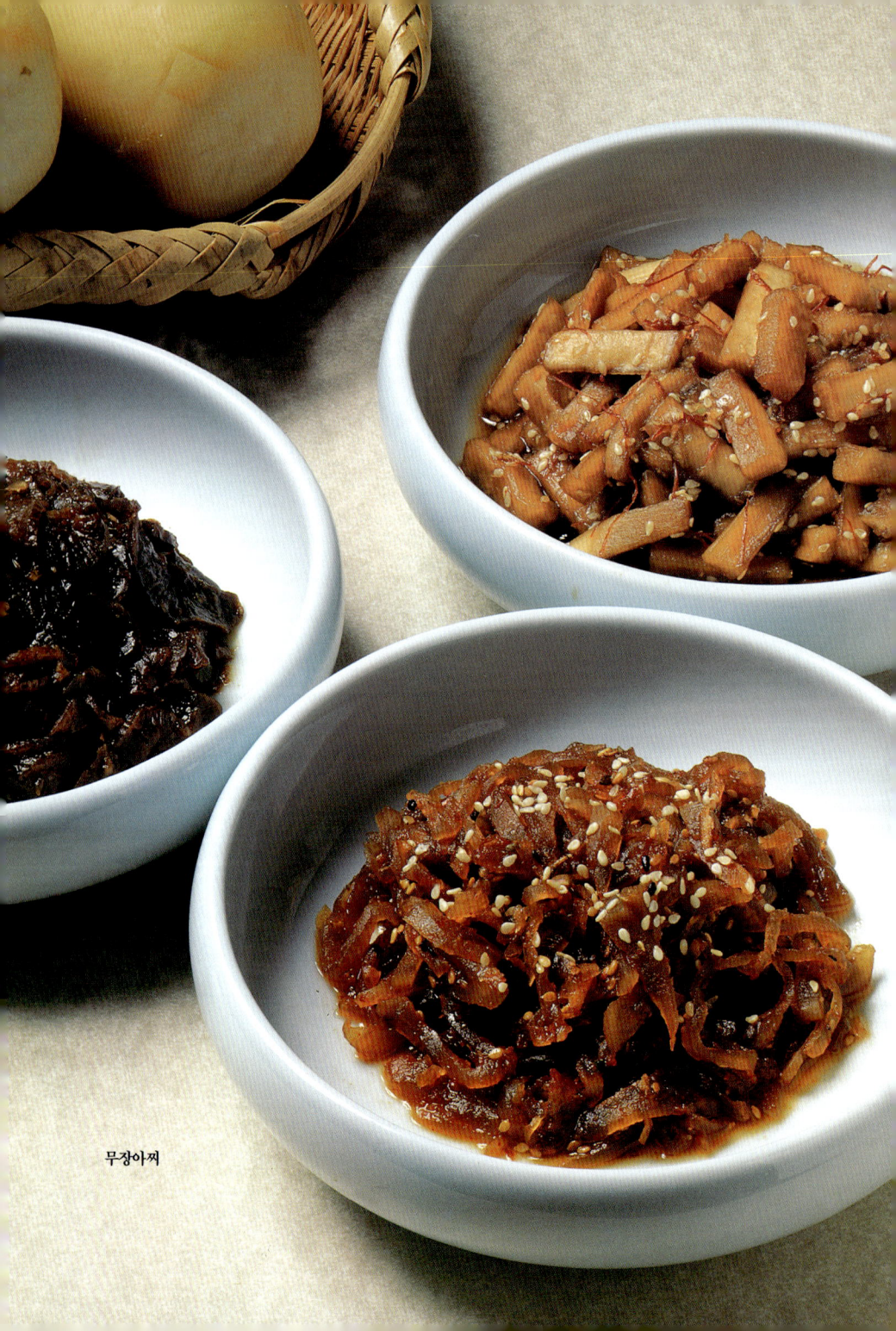

무장아찌

고추장

고추장은 우리나라 고유의 조미식품으로서 콩단백질의 분해로 생성된 아미노산의 구수한 맛, 전분 분해로 생성된 당분의 단맛, 소금의 짠맛과 여기에 고춧가루의 매운맛이 잘 어우러진 전통 발효식품이다.

고추장은 된장이나 간장과는 달리 주원료가 쌀, 찹쌀, 보리쌀, 밀가루 등 전분질 식품이다. 유리당은 고추장의 단맛으로 중요하며 메주 중의 효소나 숙성 중 미생물이 전분질을 가수분해하여 생성되는데 글루코오스와 말토오스가 대부분을 차지한다. 고추장은 일반 성분에 있어서도 제조원료 및 제조방법 등에 따라 큰 차이가 있다. 식품분석표에 나타난 고추장의 성분은 단백질 8.9%, 지질 4.1%, 당질 15.9%, 섬유질 3.5%이다. 비타민은 간장, 된장에 비해 비타민 B 복합체 함량이 다소 높게 나왔다.

고추장은 그램당 5mg의 비타민 C가 함유되어 있으므로 비타민 C의 급원으로서 주요한 식품이며, 캡사이신 때문에 쉽게 산화되지 않아 조리과정 중 그 손실

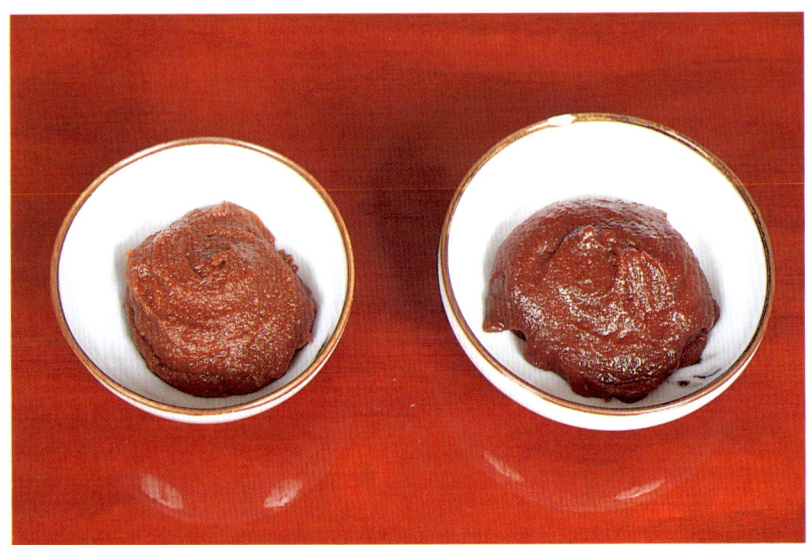

시판용 고추장(왼쪽)과 재래 고추장 고추장은 우리나라 고유의 조미식품으로 아미노산의 구수한 맛과 당분의 단맛, 소금의 짠맛과 고춧가루의 매운맛이 잘 어우러진 전통 발효식품이다.

량이 다른 채소류보다 적다. 그리고 전통고추장에는 베타카로틴(β- carotene)이 100그램당 2,445㎍이 함유되어 있다.

고추의 매운맛 성분인 캡사이신은 혈중에 흡수된 후 중추신경을 자극하여 부신수질로부터 아드레날린이나 노르아드레날린의 분비를 촉진시키고 이들 호르몬은 생체 내에서 신진대사를 향상시킨다. 그리고 이들 호르몬은 지방조직 속의 유리지방산을 동원하는 작용이 있어 캡사이신을 투여하면 지방조직이 감소되는 현상을 볼 수 있다고 한다.

고추장의 영양 성분

분 류	Vit C(mg)	베타카로틴(μg)
고추장 개량식	5	2528
전통고추장	5	2445
고춧가루	20	20160
붉은 고추	116	6466
붉은 고추(건)	26	27735
풋고추 개량종	72	312
재래종	92	(8100)
사과(후지)	4	19
귤(보통, 임온주)	39	(49)
(조생)	44	5

자료 출처 : 『식품 성분표』(제6차개정판, 농촌진흥청), 2001

역사

조선시대에는 메줏가루와 고추를 이용한 만초장(蠻椒醬, 고추장) 제조법을 새로 선보이면서 고기와 생선들을 곁들여 담근 청육장(淸肉醬), 어육장(魚肉醬)을 비롯하여 다양한 종류의 장과 향초장, 별미장을 제조하여 독특한 장 문화를 뿌리내렸다.

고추장은 고추가 우리나라에 전래된 조선 중기 이후 만들어지기 시작했다. 고추는 선조 임진년(1592) 후에 들어와 만초(蠻椒), 남만초(南蠻椒), 번초(蕃椒), 왜초(倭椒), 왜개자(倭芥子), 랄가(辣茄), 당초(唐椒) 등 여러 이름으로 불리워졌다.

고추의 전래 시기 및 경로에 관한 최초의 기록은 『지봉유설(芝峰類說)』(1614년)에 실려 있다. 여기에 "만초는 일본을 거쳐 온 것으로서 왜개자라고도 한다"는 내용이 있다. 이후 『성호사설(星湖僿說)』, 『오주연문장전산고(五洲衍文長箋散稿)』 등에도 번초가 일본에서 도입되었고, 그 시기가 선조 임진년 이후라고 기록되어 있다. 이러한 고추의 전래는 일찍부터 발달한 장 발효 가공 기술과 자연스럽게 결합되어 이 땅에 고추장 문화를 이루게 되었다.

고추장에 관한 최초의 기록으로는 『증보산림경제』(1766년)가 있는데, 여기에는 '만초장'이라는 이름으로 콩의 구수한 맛, 찹쌀의 단맛, 고추의 매운맛, 청장에서 오는 짠맛의 조화를 갖춘 고추장이 선보이고 있으며, 또 맛을 더하기 위해 참깨를 첨가하고 있다. 또 별법에는 건어(乾魚), 다시마를 넣어 더욱 구수한 맛을 내는 방법까지 기술하고 있다. 이 책에는 고추장 외에도 급히 고추장 만드는 법과 두부고추장 제조법이 덧붙여 있어 한층 발달된 고추장 제조 기술을 엿볼 수 있다.

이후 고추장 제조는 빠르게 확산되어 일반화되었음을 여러 문헌을 통해 짐작할 수 있다. 「농가월령가」 3월령에는 고추장을 담그는 내용이 실려 있고, 『규합총서』에는 고추장에 쓸 메주를 따로 만드는 법과 두부고추장, 급히 고추장 만드는 방법 등이 기록되어 있다. 이들 문헌보다 훨씬 앞서 허균의 『도문대작(屠門大嚼)』(1611년)에 실린 '초시(椒豉)'는 산초(山椒), 호초(胡椒) 등으로 맵게 만든 된장류로 추정되며 이것이 고추장의 뿌리요 전신이었을 것으로 여겨진다.

한편, 다음과 같은 순창고추장에 관한 조선조 이성계의 일화는 고추의 도입시기와 관련지어 볼 때 '초시'일 것으로 추정되고 있다.

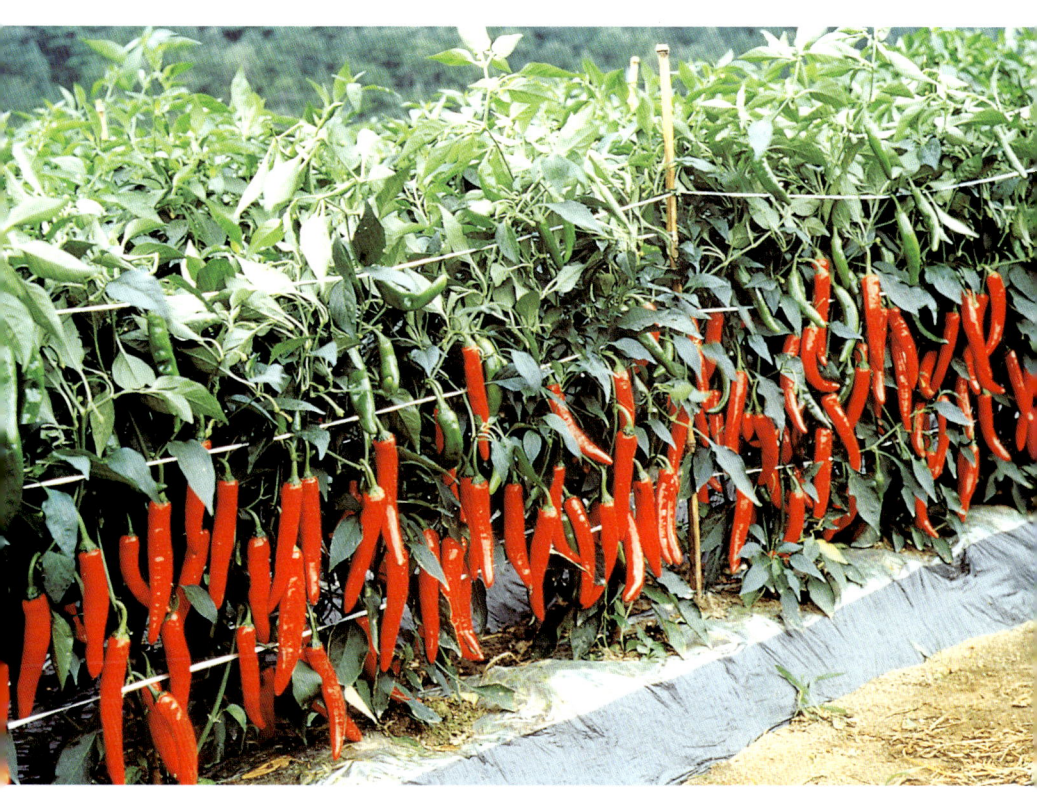

고추밭 고추는 조선 중기 선조 임진년 후에 들어왔으며, 일찍부터 발달한 장 발효 기술과 결합하여 이 땅에 고추장 문화를 이루게 되었다.

조선조 초기 한양에 도읍을 정한 이태조는 궁궐터를 두고 근심하던 중 순창 부근의 만일사(萬日寺)에 머물던 무학대사를 찾아가던 길에 어느 농가에 들러 고추장의 전신으로 여겨지는 초시와 함께 점심을 들고 환궁하였다. 이후 이 맛을 잊지 못하여 순창 현감에게 진상토록 하였다는 데서 순창고추장이 비롯되었다.

종류

고추장을 담글 때 사용하는 전분질 원료에 따라 구분하기도 하고 지역에 따라 분류해 볼 수 있다. 이 밖에 독특한 원료를 첨가하는 특수장도 살펴보았다.

전분질 원료에 따른 분류

찹쌀고추장	초고추장으로 색을 곱게 낼 때만 주로 사용한다.
멥쌀고추장	초고추장 또는 찌개 등에 두루 사용한다.
밀가루고추장	찌개나 된장국을 끓일 때나 장아찌를 만들 때 주로 사용한다.
보리고추장	여름철 쌈장으로 많이 사용한다.
고구마고추장	초고추장, 쌈장, 별미장으로 사용된다.
무거리고추장	찌개용 고추장으로 주로 사용한다.
수수고추장	찌개, 쌈장 등에 사용되는 별미장이다.
팥고추장	색이 고와 초고추장으로 좋다.

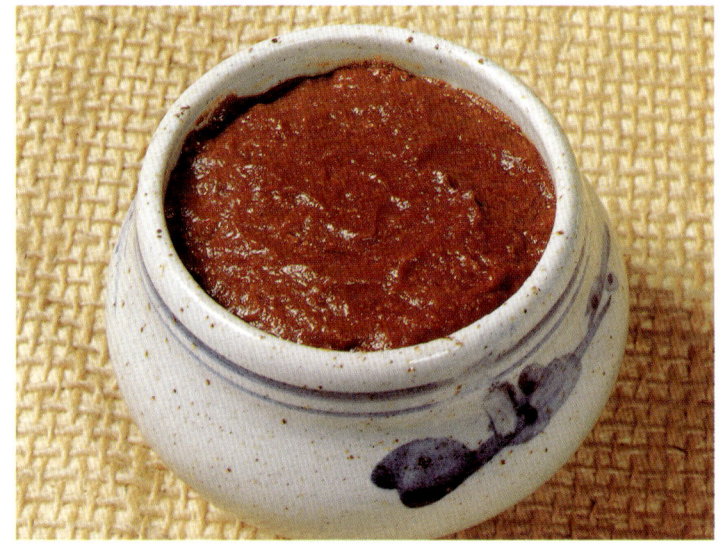

보리고추장

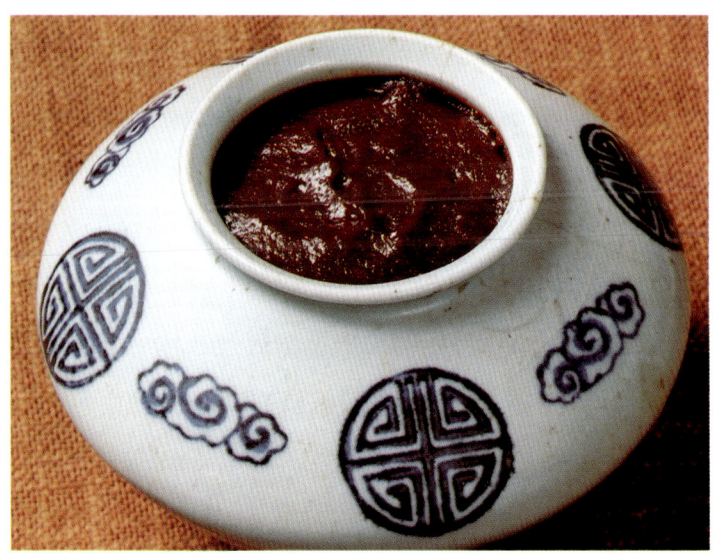

순창고추장

지역별 분류

지역	고추장 종류	만드는 법
서울	찹쌀고추장 보리고추장	찹쌀로 구멍떡을 만들어 고추장을 만든다. 쌀보리 1말, 메줏가루 2되로 만든 가루를 이용하여 3~4월에 담근다. 찹쌀고추장보다 색이 검은 것이 특징이다.
강원도		간장, 된장메주로 고추장을 쑨다. 전분질은 차조, 보리, 밀가루, 찹쌀, 멥쌀을 사용한다. 고춧가루의 비율이 다른 지방보다 적은 것이 특징이다.
충청도	고추장 보리고추장	메주콩과 멥쌀로 메주를 띄운다. 보리를 띄워서 담그는 것이 특징이다.
전라도	찹쌀고추장 순창고추장 남원고추장 해남고추장	찹쌀로 밥을 지어 메줏가루와 고춧가루를 버무리고 소금, 간장으로 간을 하고 참기름과 설탕을 넣기도 한다. 더위가 한창인 7월 백중을 전후해서 메주를 쑤는 것이 특징이다. 엿을 달여 담그는 것이 특징이며 동지 섣달 전후에 담근다. 메주콩을 불려서 삶아 거의 익었을 때 불린 찹쌀을 콩 위에 얹어 찐 다음 메주를 쑨다.

지역	고추장 종류	만드는 법
경상도	싸메주고추장 보리고추장 진주고추장	늦더위가 가신 처서에 담근다. 메주를 까맣게 띄운다. 현풍의 시금장(등겨장)이 별미다. 봄철에 담그며 밀을 싹틔워서 콩과 함께 메주를 만든다.
제주도		밀가루죽을 엿기름으로 삭혀 엿을 고듯이 졸여 담그는 것이 특징이다.
평안도		찹쌀고추장과 보리고추장을 즐겨 담근다.
황해도		찹쌀가루로 경단을 만들어 엿기름으로 삭혀 담근다.

특수장

분류	특 성
두부고추장	전통적으로 전해 오는 특수장이지만 요즘은 잘 담그지 않는다. 간혹 사찰에서 담그는 것을 볼 수 있다.
인삼맛고추장 대추맛고추장	인삼의 향이 느껴지는 특수장이다. 색이 곱고 단맛이 있으며 쌈장, 반찬용으로 좋다.

고추장 담그기

　고추장을 담그려면 고춧가루와 메줏가루, 엿기름가루, 소금 등이 필요하다. 고추는 가을철에 색이 곱고 단맛이 나면서 매운 것을 골라 씨를 빼고 사용하는데, 매운맛을 내는 것은 캡사이신(0.01~1.02%) 성분 때문이며 고춧가루가 붉은 색을 내는 것은 켑산신(Capsanthin) 성분 때문이다. 고추의 종류에는 햇볕에 말려 밝은 붉은색을 띠는 태양초와 열로 쪄서 건조기로 말린 검붉은색의 화건초가 있다. 고추의 명산지로는 경상북도의 영양, 청송, 봉화, 전라도의 임실, 순창, 진도, 충청도의 괴산, 중원, 음성, 제천 등이 있다.

　메줏가루는 대개 콩에다 전분질 곡물을 20% 정도 섞어서 만들기 때문에 된장보다 전분질 함량이 높은 것이 특징이다. 전분질 곡물에는 찹쌀, 멥쌀, 밀가루, 보리, 밀, 수수, 팥 등이 있는데 어떤 것을 섞는가에 따라 고추장의 용도나 명칭이 달라진다. 개량메주의 사용균주는 아스퍼질러스 오리제이며 고추장메주는 어른 주먹만한 크기로 둥글게 또는 도우넛 모양으로 만든다.

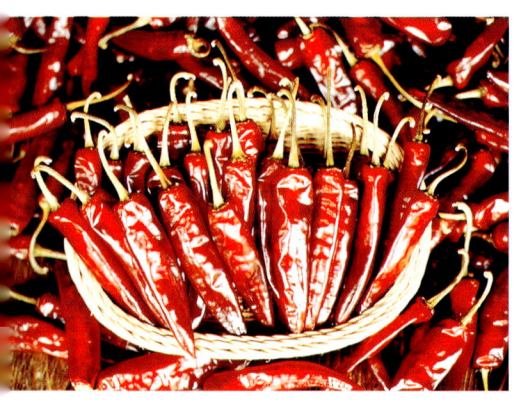

　엿기름가루는 겉보리를 싹을 길러 말린 다음 가루로 만든다. 엿기름은 고추장을 빨리 숙성시키는 일종의 당화효소제 역할을 한다.

고추　고추장의 재료가 되는 고추는 가을철에 색이 곱고 단맛이 나면서 매운 것을 골라 씨를 빼고 사용한다.

[전통고추장 담그기 1]

| 재료 |

메줏가루 4되, 고춧가루 2되, 찹쌀 2되, 멥쌀 1되, 엿기름 반되, 물 2되 반,

소금(꽃소금) 1되, 진간장 약간

| 만드는 법 |

1. 찹쌀을 깨끗이 씻어 불린 다음 가루로 만든다.

2. 1을 반죽해서 구멍떡을 삶아 양재기에 건져 꽈리가 나도록 젓는다.

3. 2에 구멍떡 삶은 물을 부어 묽게 개어 식힌다.

4. 멥쌀을 깨끗이 씻어 불린 다음 가루로 만들고 엿기름을 우린 물을 넣어 삭힌 다음 끓여서 찌꺼기를 짜내고, 뭉근한 불에서 끓여 묽은 조청을 곤 다음 식힌다.

5. 3에 메줏가루와 고춧가루를 넣어 고루 섞고, 4의 조청을 넣어 농도를 맞춘다. 하루쯤 지난 뒤 소금으로 간을 맞추고, 간장을 조금 섞는다. 이때 농도가 너무 되면 펄펄 끓여 식힌 물을 섞어 농도를 맞춘다.

6. 모든 재료가 섞어지고 간이 알맞게 되면 소독된 항아리에 담아 두고, 하루에 한 번씩 주걱으로 위아래를 고루 섞어 주기를 일주일 정도 한 다음, 위에 메줏가루로 덮는다.

7. 햇볕이 좋은 날 뚜껑을 열어 볕을 쪼이면서 숙성시킨다. 잡물이 들어가지 않도록 망을 씌우고 잘 보관한다.

8. 2~3개월 후 고추장이 익으면 먹는다.

[전통고추장 담그기 1 과정]

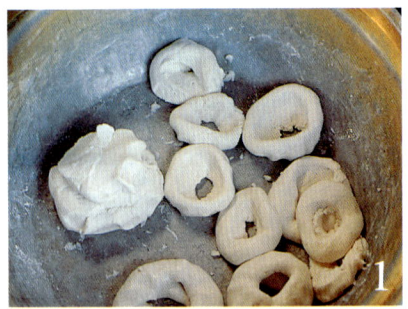

찹쌀가루를 반죽해서 구멍떡을 삶고 양재기에 건져 꽈리가 나도록 저은 다음, 구멍떡 삶은 물을 부어 묽게 갠다.

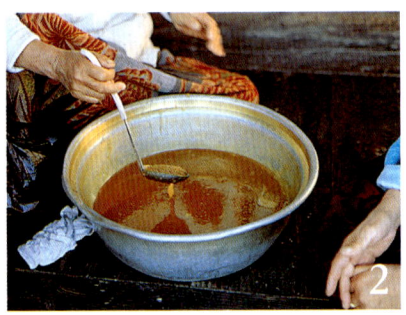

묽은 조청을 곤 다음 식힌다.

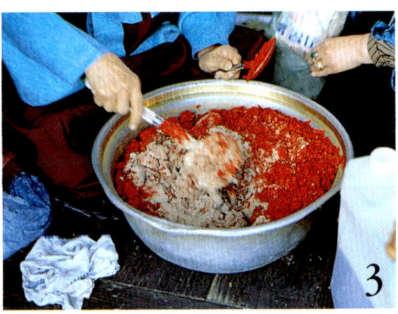

1에 메줏가루와 고춧가루를 넣어 고루 섞는다.

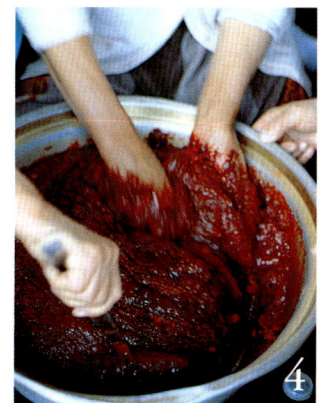

3에 조청을 넣어 농도를 맞춘다.

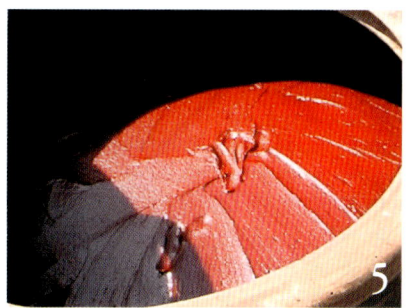

모든 재료가 섞어지고 간이 알맞게 되면 소독된 항아리에 옮겨 담는다. 사진 ⓒ 이토그램

[전통고추장 담그기 2]

| 재료 |

찹쌀 8kg, 식혜물 26ℓ, 고춧가루 7kg, 메줏가루 8.5kg, 소금 8kg

| 만드는 법 |

1. 찹쌀을 씻어 일어서 가루를 낸 다음 반죽하여 구멍떡을 만들어 삶은 뒤 꽈
   리가 나도록 쳐서 따뜻한 식혜물을 부어 가며 덩어리지지 않게 푼다.(구멍
   떡 삶은 물을 이용할 수도 있다.)

2. 1에 메줏가루를 섞어 고루고루 저어 주면서 고춧가루를 섞는다. 완전히 혼
   합한 후 소금을 섞어 간한 다음 익힌다.

[간편하게 만드는 고추장 1]

| 재료 |

물 4ℓ, 물엿 6kg, 고춧가루 2.4kg, 개량메줏가루 1kg, 소금 1kg, 간장 500g

| 만드는 법 |

1. 물을 끓인다.

2. 1에 물엿을 넣고 끓여 충분히 식힌다.

3. 2에 고춧가루를 넣고 고루고루 섞어 주면서 혼합한다.

4. 3에 메줏가루를 혼합하여 덩어리가 지지 않게 잘 저어 준다.

:: 식혜 만들기

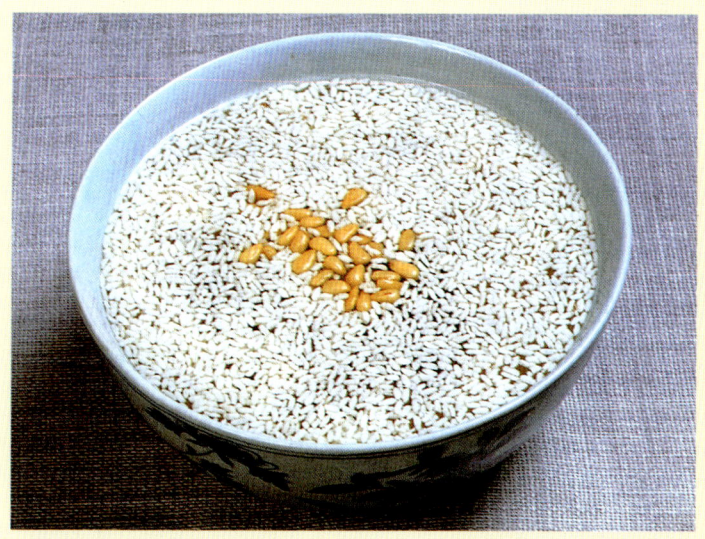

| 재료 |

쌀 2컵, 엿기름가루 2컵, 물 12컵

| 만드는 법 |

1. 엿기름가루는 면주머니에 넣어 6~7컵의 물에 담가 둔다.

2. 전기밥솥에서 밥을 고슬고슬하게 짓는다.

3. 밥이 다 되면 전기밥솥의 보온 상태에서 1의 엿기름 우린 물과 엿기름가루 주머니를
   통째로 소롯이 붓고 5시간 정도 그대로 둔다.

4. 5시간쯤 경과 후 밥솥 뚜껑을 열어 밥알이 5~10알 정도 뜬 것을 확인한 다음 엿기름
   가루 주머니를 꺼내고 밥통을 꺼내어 한소끔 끓여 식힌다.

5. 끓일 때 생기는 거품은 걷어내고 잣을 띄워 먹는다.

5. 4에 소금으로 간을 맞추어 여러 번 저어 섞은 다음 소독된 항아리에 담는다.

6. 담근 지 일주일까지는 매일 볕을 쪼이면서 한두 번씩 고루 저어 주고 메줏가루로 덮어 숙성시킨다.

[간편하게 만드는 고추장 2]

| 재료 |

찹쌀가루 500g, 끓는 물 100g(익반죽용), 물 5~6ℓ, 물엿 5kg, 고춧가루 2.4kg, 메줏가루 1kg, 진간장 200g, 꽃소금 전체 무게의 8~10%

| 만드는 법 |

1. 찹쌀가루를 익반죽하여 반대기를 지어 구멍떡으로 만든 다음 분량의 물 중 일부의 물로 삶아 익으면 꺼내어 방망이로 쳐주면서 덩어리가 없게 잘 풀어 준다.

2. 나머지 물을 끓여 물엿을 혼합한다.

3. 2에 고춧가루를 넣어서 고루 섞고 여기에 1을 혼합하여 오랫동안 잘 섞는다. 그런 다음 메줏가루를 넣어 덩어리지지 않게 충분히 풀어 주면서 잘 젓는다.

4. 3에 꽃소금과 간장으로 간을 하여 소독된 항아리에 담는다.

5. 담근 지 일주일까지는 매일 햇볕을 쪼이면서 한두 번씩 고루 저어 준 다음 숙성시켜 한 달 후에 먹기 시작한다.

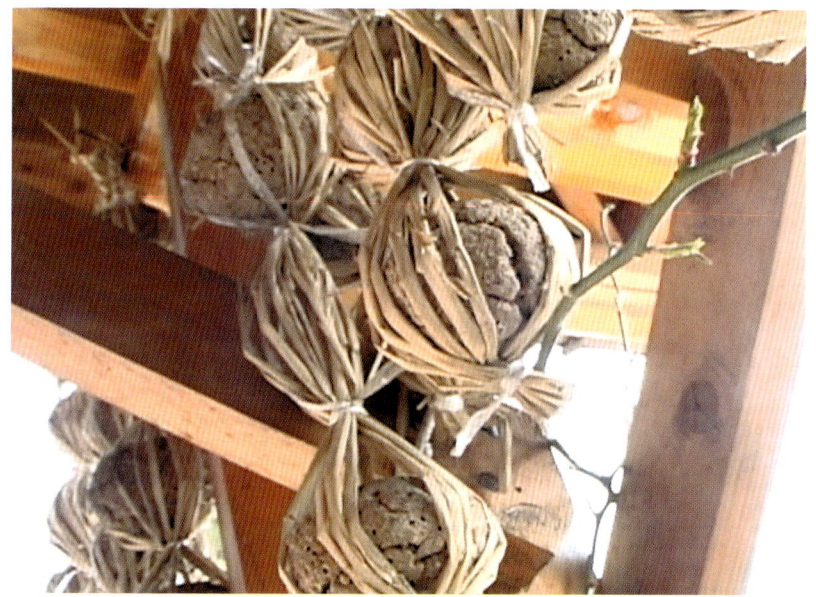

순창고추장 메주 매달기 쌀과 메주콩으로 주먹만한 메주를 동글납작하게 빚어 바람 잘 드는 곳에 띄운다. 사진 ⓒ 이토그램

순창고추장

순창 지방에서 만드는 고추장으로, 음력 7월에 만든 메주로 겨울에 담는다. 메주는 음력 7월 처서를 전후히여 쑤고, 음려 동짓달과 섣달 중순 사이에 담근다.

[메주 쑤기]

| 재료 |

쌀 소두 2되 반, 메주콩 소두 2되 반

:: 장 담그는 용구

장 담그는 용구는 솥, 항아리, 절구, 체, 쳇다리, 옹배기, 간장독, 고추장단지, 주걱, 민함지, 조리, 장바가지, 푼주, 염도계, 함지박, 메주틀, 귀때그릇 등 다양하다. 다소 복잡해 보이지만 오늘날에는 찾아보기 힘든 이러한 용구들의 면면을 보노라면 우리 선조들의 지혜가 느껴진다. 각 용구들의 면면을 간단히 살펴보자.

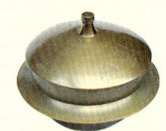

솥　용도에 따라 밥솥, 물솥, 국솥, 쇠죽솥으로 나뉘며, 크기에 따라 큰솥, 중솥, 작은솥, 그 밖에 놋쇠솥, 곱돌솥(곱돌을 다듬어 만든 조그마한 솥), 외솥, 두멍솥(한꺼번에 많은 음식을 끓이는 솥), 가마솥, 노구솥(놋쇠나 구리로 만든 솥), 자루솥 등이 있다.

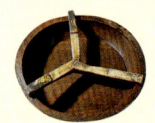

쳇다리　국물이 있는 것을 체로 거르거나 콩나물시루 등으로 사용하며 Y자나 우물 정(井) 자 모양으로 만든다.

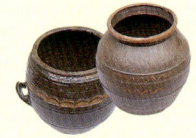

독　간장, 된장, 고추장 등 장류 및 곡류를 담는 데 사용하는 것으로 만드는 흙은 백토가 좋으며 두드려 보아 맑은 소리가 나는 것이 좋다.

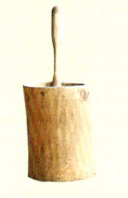

절구　많은 양의 곡식을 빻는 데 필요한 용구이다.

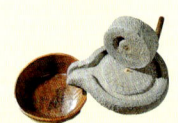

맷돌　크기가 같은 둥글넓적한 2개의 웃돌과 아랫돌을 한 짝으로 하여 맞물리는 중간 부위에 작은 홈과 곡물이 들어가는 큰 홈을 만들고 웃돌의 모서리 부위에 홈을 파서 맷돌손을 붙인 것이다.

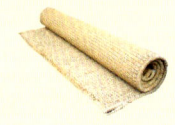

멍석　가로 350cm, 세로 210cm 정도로 곡식이나 누룩을 말리거나 띄우는 데 쓰인다.

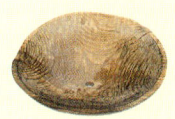

쳇도리 일종의 깔때기 형태로 주둥이가 좁은 그릇에 쉽게 옮겨 담도록 만든 기구로서 밑에 구멍이 나 있다.

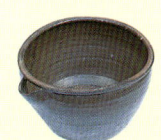

귀때그릇 귀때란 안에 담긴 액체를 따를 수 있도록 그릇의 입술 한쪽을 삐죽하게 내밀게 한 것을 뜻한다. 귀때가 달려 있어 많이 기울이지 않아도 적당한 양을 따르기 좋다. 또한, 침전시켜 간장을 정제하는 데 사용하며 주둥이가 작은 그릇에 옮길 때 편리하다.

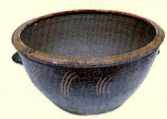

소래기 음식물을 담는 데 쓰는 그릇이다.

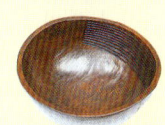

이남박 쌀과 같은 곡류를 씻을 때 쓰는 그릇이다.

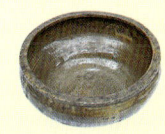

푼주 음식을 담는 큰 대접을 뜻한다.

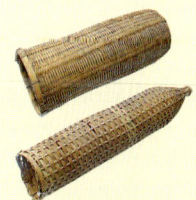

용수 장을 떠내거나 술을 거르는 데 사용하는 기구 대나무나 싸리로 둥글고 긴 원통형의 바구니처럼 만드는데 아래쪽이 막히도록 촘촘하게 엮는다.

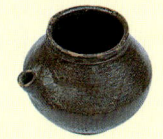

간장병 작은 항아리처럼 생겼으며 귀때가 붙어 액체를 담아 쓰기에 좋다. 간장의 양을 조절하여 따를 수 있다.

4. 풋고추는 씨를 발라 곱게 썰어 다진다.

5. 뚝배기에 쇠고기를 밑에 깔고 그 위에 풋고추, 표고를 넣고 1의 된장국물을
   부어 약한 불에 끓인다.

강된장찌개

| 재료 |

된장 4큰술, 참기름 1큰술, 꿀 1큰술, 고추장 2큰술, 육수 또는 생수 $\frac{1}{2}$ 컵,

쇠고기 60g, 표고 2장, 풋고추 1개, 붉은 고추 1개,

:: **된장국의 맛이 잘 변하지 않는 이유**

된장국이나 찌개를 끓일 때 다른 재료를 많이 혼합하여 끓여도 된장국물의 맛은 쉽게 변
하지 않고 그대로 유지된다. 이것은 된장의 주성분인 단백질과 아미노산이 완충제 역할
을 하기 때문인 것으로 추측하고 있다.

:: **짠맛이 강한 된장찌개를 효과적으로 먹는 방법**

재래된장의 짠맛은 매우 강하다. 따라서 된장찌개를 많이 섭취하면 염분과다 섭취의 위험
성이 있을 수 있다. 이때 된장찌개나 국의 염분을 줄일 수 있는 현미가루나 부추, 표고 등
의 부재료를 많이 넣고 끓이면 짠맛을 효과적으로 줄일 수 있다. 현미가루와 부추는 나트
륨을 효과적으로 낮추는 역할을 하며 버섯은 바이러스 증식 억제 및 면역력 증강의 효능
이 있는 것으로 알려지고 있다.

쇠고기 양념장(간장 1작은술, 다진 파 1작은술, 다진 마늘 ½작은술,

설탕 ½작은술, 후춧가루 약간, 참기름 1작은술, 깨소금 ½작은술)

| 만드는 법 |

1. 된장은 참기름과 꿀, 고추장을 넣어 잘 섞는다.

2. 쇠고기는 채 썰어 양념한다.

3. 표고는 물에 불려 채 썰고, 풋고추와 붉은 고추는 씨를 발라 다진다.

4. 뚝배기에 양념한 고기를 깔고 그 위에 채 썬 표고와 1을 놓고 맨 위에 붉은
   고추 다진 것을 얹어 육수를 소롯이 부어 찜통에 찌거나 중탕한 다음 약한
   불에서 살짝 끓여낸다.

5. 상에 낼 때 알쌈을 곁들이면 더욱 좋다. 쌈장, 밥반찬으로 매우 훌륭하다.

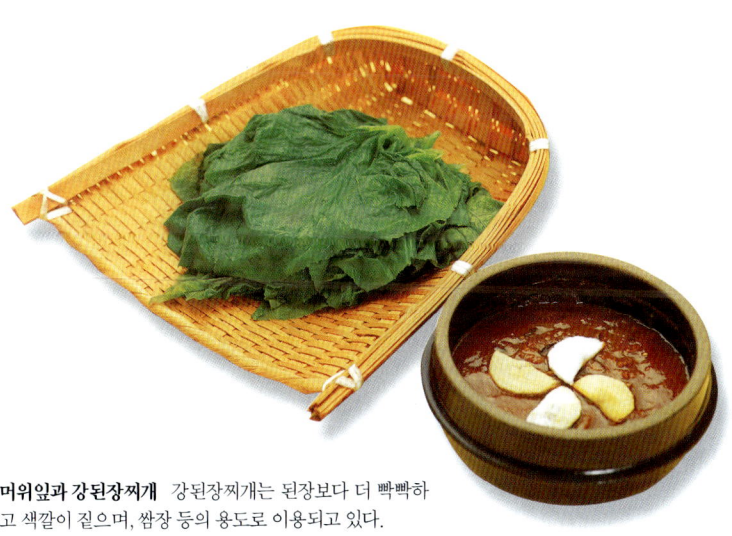

머위잎과 강된장찌개 강된장찌개는 된장보다 더 빡빡하
고 색깔이 짙으며, 쌈장 등의 용도로 이용되고 있다.

| 만드는 법 |

1. 쇠고기는 곱게 채 썰어 뚝배기에 넣고, 고기국물이 잘 우러나도록 끓인다.

2. 김치는 숭숭 썰고, 파는 어슷하게 썬다.

3. 두부는 도톰하게 썬다.

4. 1의 고기국물에 청국장을 풀고 김치를 넣고 끓인다. 보글보글 끓이다가 두
부, 파, 마늘을 넣어 한소끔 끓여낸다.

추어탕

추어탕은 늦여름부터 찬바람이 불기 시작할 즈음까지, 특히 벼가 누렇게 익을
때가 가장 맛이 있으며 산초가루, 방아잎, 생강, 풋고추를 넣어 비린내가 가시게
한다.

| 재료 |

미꾸라지 400g, 호박잎 200g, 호박 $\frac{1}{2}$개, 고사리 100g, 풋고추 3개,

붉은 고추 3개, 파 2뿌리, 마늘 5톨, 고추장 1큰술, 된장 1큰술, 고춧가루 1큰술,

산초가루, 후춧가루, 생강 약간

| 만드는 법 |

1. 미꾸라지는 뚜껑이 있는 그릇에 산 채로 넣고 소금을 뿌려 뚜껑을 닫아 거
품과 해감을 토하게 한 후 소금물에 여러 번 헹구어 끓는 물에 넣고 푹 삶아
체에 내려놓는다.

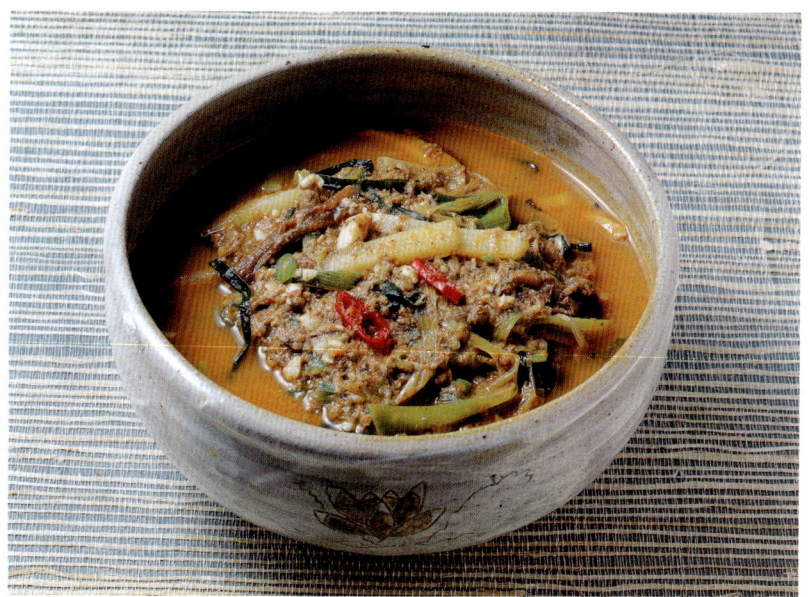

추어탕 늦여름부터 찬바람이 불기 시작할 즈음이 가장 맛이 있으며, 생강, 풋고추 등을 넣어 비린내를 없 앤다.

2. 호박은 한 잎 크기로 어슷하게 썰고 호박잎은 줄기 부분의 껍질을 벗겨 손 으로 적당히 뜯어 놓는다.

3. 고사리는 5cm 크기로 썰고, 대파와 풋고추, 붉은 고추도 어슷하게 썰어 씨 를 제거하여 준비한다.

4. 미꾸라지 삶은 국물에 된장과 고추장을 풀고 고사리와 호박잎, 호박을 넣고 푹 끓인 후 고춧가루와 다진 마늘, 생강, 대파, 풋고추, 붉은 고추 등을 넣고 한소끔 더 끓여 간을 맞추어 낸다.

장땡이

| 재료 |

햇된장 2컵, 쇠고기 200g, 찹쌀가루 $\frac{1}{2}$ 컵, 파, 마늘,

고춧가루, 깨소금, 참기름 약간

| 만드는 법 |

1. 봄철 장을 뜨고 난 햇된장을 덜어 둔다.

2. 쇠고기를 기름지지 않은 것으로 택하여 다져서 양념을 넣고 주무른다.

3. 된장에 양념한 고기를 섞는다.

4. 절구에 3과 찹쌀가루, 막고춧가루, 깨소금, 파를 넣고 잘 친 다음 찜통에 넣고 찐다.

5. 찜통의 것을 잘 식힌 뒤 갸름하게 타원형으로 빚어서 채반에 널어 말린다.

6. 먹을 때 기름에 지지거나 석쇠에 굽는다.

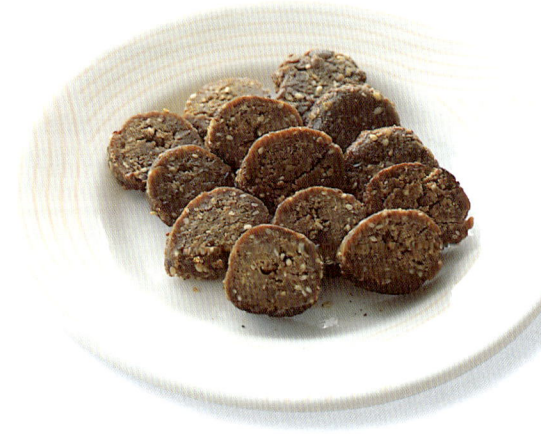

장땡이　된장에 양념한 쇠고기를 섞어 동글납작하게 빚어 구워내는 것으로, 맛이 담백하다.

병어고추장찌개

| 재료 |

병어(중간 크기) 2마리, 쇠고기 50g, 애호박 $\frac{1}{2}$개, 미나리 50g, 파 1대,

마늘, 생강 약간씩, 고추장 4큰술, 청장 1큰술

| 만드는 법 |

1. 병어를 비늘을 긁고 지느러미를 자른 후 열십 자로 토막을 낸다.

2. 쇠고기를 납작납작 썰어 마늘 양념을 한 뒤 냄비에 넣어 볶다가 물을 부어
   장국을 낸다.

3. 호박은 0.5cm 두께의 반원형으로 썰고 미나리는 다듬어 4cm 길이로 썰며
   파는 어슷하게 썬다.

4. 장국에 고추장을 넣어 풀고 거품을 걷어낸 뒤 생선을 넣어 끓인다.

5. 호박을 넣고 거의 물러지면 다진 양념과 미나리, 파를 넣고 다시 간을 맞춘다.

삼겹살고추장구이

| 재료 |

돼지고기(삼겹살) 300g, 양파 $\frac{1}{2}$개,

양념고추장(고추장 2큰술, 간장 2큰술, 설탕 2큰술, 다진 마늘 1큰술,

다진 파 2큰술, 다진 생강 $\frac{1}{2}$큰술, 참기름 1큰술, 깨소금 1큰술, 후춧가루 약간)

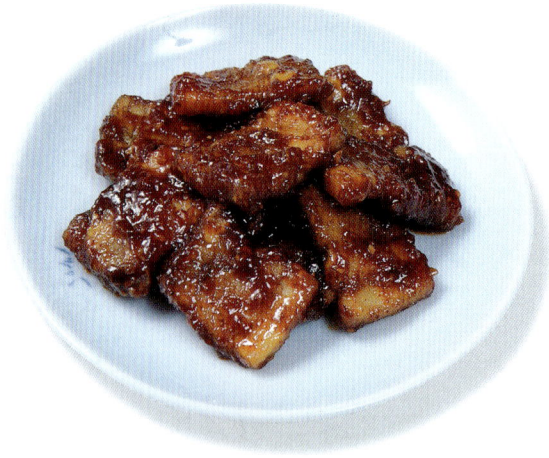

삼겹살고추장구이 돼지고기 삼겹살 부위를 얇게 저며 양념고추장을 발라 재워 놓았다가 구워 내는 것으로, 푸짐한 쌈과 쌈장을 얹어 먹는 맛이 일품이다.

| 만드는 법 |

1. 삼겹살을 0.5cm 두께로 얇게 썰어서 잔칼집을 넣어 연하게 한다.

2. 양파는 곱게 다진다.

3. 삼겹살을 한 장씩 펴서 양념고추장에 재워 간이 고루 배도록 한다.

4. 뜨겁게 달군 석쇠나 번철에 고기 조각을 잘 펴서 양면을 고루 익혀 더울 때 낸다.

약고추장

| 재료 |

고추장 1컵, 배즙 $\frac{1}{2}$컵, 쇠고기 120g, 설탕 $\frac{1}{3}$컵, 참기름 3큰술, 잣 1큰술,

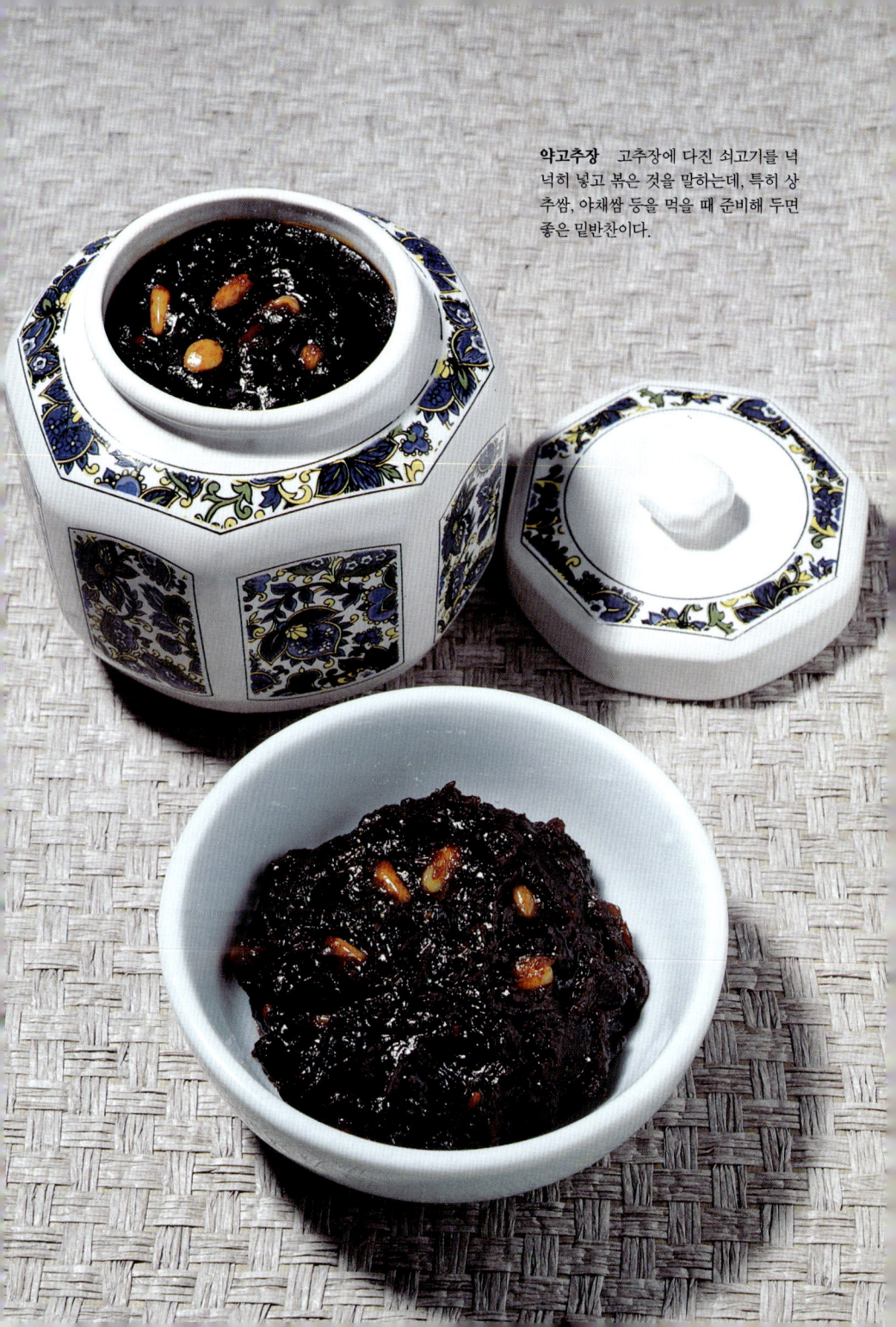

약고추장 고추장에 다진 쇠고기를 넉넉히 넣고 볶은 것을 말하는데, 특히 상추쌈, 야채쌈 등을 먹을 때 준비해 두면 좋은 밑반찬이다.

쇠고기 양념장(간장 ½큰술, 다진 파 1작은술, 다진 마늘 1작은술,

설탕 1작은술, 후춧가루 약간, 참기름 1작은술, 깨소금 ½큰술)

| 만드는 법 |

1. 쇠고기는 곱게 다져 갖은 양념하여 살짝 볶는다. 여기에 고추장과 배즙을

   넣어 약한 불에서 볶는다.

2. 1의 고추장에 설탕을 넣고 익을 때까지 더 볶는다.

3. 참기름을 넣어 빛깔이 검붉어지며 윤기가 날 때까지 볶아 먹는다.

4. 상에 낼 때는 잣을 함께 얹어서 내면 좋다.

〈참고〉 떡볶이, 쫄면, 비빔밥 등에 다양하게 이용할 수 있다.

육포

쇠고기를 도톰하게 썰어 양념장에 주물러서 말린 뒤, 참기름을 발라 구운 음식

이다.

| 재료 |

쇠고기(핏물을 제거한 우둔살) 1.2kg, 양념장(간장 1컵, 설탕 시럽 ¼컵,

꿀 ⅔컵, 배즙 ⅔컵, 후춧가루 ½큰술, 생강즙 1½큰술)

| 만드는 법 |

1. 쇠고기는 결대로 0.5cm 정도 도톰하게 포를 떠서 소독한 마른행주로 물기

   를 제거한다.

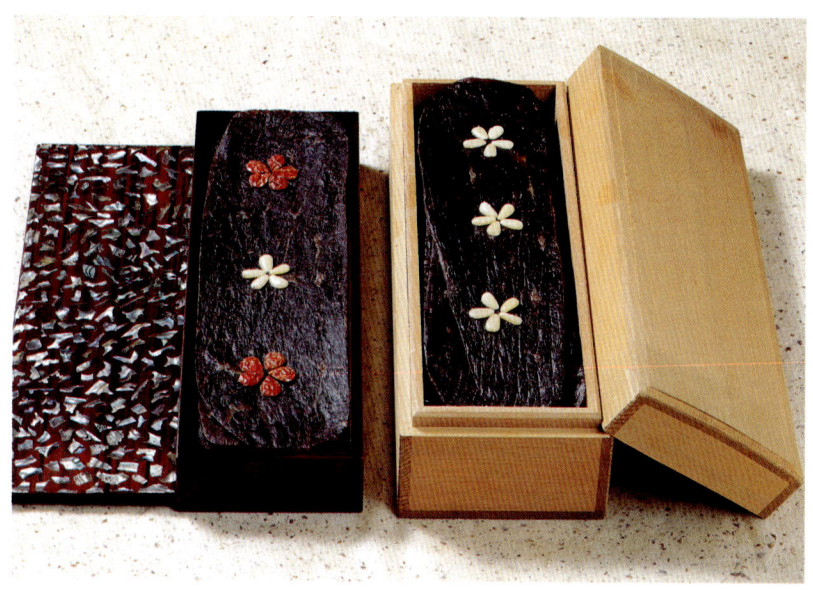

육포 쇠고기를 도톰하게 썰어 양념장에 주물러 말린 뒤, 참기름을 발라 구운 음식이다.

2. 간장에 후춧가루와 설탕 시럽, 꿀, 배즙, 생강즙을 넣고 양념장을 만든다.

3. 양념장을 양푼에 넣고 쇠고기를 한 쪽씩 담가 다른 그릇에 담은 뒤, 양념장이 스며들 때까지 주물러서 편편한 그릇이나 채반에 널어 통풍이 잘 되는 곳에서 말린다. 위가 꾸덕꾸덕하게 마르면 뒤집어서 다시 말린다.

4. 완전히 건조하기 전에 기름종이나 랩에 싸서 편평한 곳에 놓고, 도마를 엎어서 그 위에 무거운 것으로 눌러 하룻밤 재운다.

5. 다시 채반에 펴서 완전히 말린 다음, 기름종이나 랩에 싸서 냉동실에 넣어두고 사용한다.

6. 먹을 때에 참기름을 발라 구워 썰어서 그릇에 담고 잣가루를 뿌린다.

육포쌈

포를 뜬 쇠고기를 양념장에 주물러 잣을 싸서 빚어 말린 포쌈이다.

| 재료 |

쇠고기(우둔살) 300g, 잣 3큰술,

양념장(집간장 4큰술, 끓인 설탕물 2큰술, 꿀 4큰술, 후춧가루 1작은술,

배즙 $\frac{1}{2}$ 컵, 생강즙 2작은술)

| 만드는 법 |

1. 쇠고기는 0.3cm 두께로 얇게 포를 떠서 마른행주로 물기를 제거한다.

2. 1의 고기를 양념장에 잘 주물러 잠시 동안 두었다가 도마 위에 펴서 한쪽 귀
   퉁이로부터 잣 4알 정도를 싸 접어, 그 가장자리를 밀대로 자근자근 누른 다
   음, 가위로 자른다.

3. 말린 뒤 꾸덕꾸덕해지면 가위로 작은 송편 모양으로 정돈한다.

4. 먹을 때에 참기름을 발라 살짝 구운 다음, 잣가루를 뿌린다.

쌈 차림과 쌈장

연한 상추에 쑥갓, 깻잎, 실파, 머위잎, 곰취, 배춧잎, 양배추 등 여러 채소로 밥
을 싸서 쌈으로 먹는다. 약고추장과 쌈된장, 강된장 등을 준비하고 병어감정과
보리새우볶음 등의 마른 찬을 곁들이면 더욱 좋다.

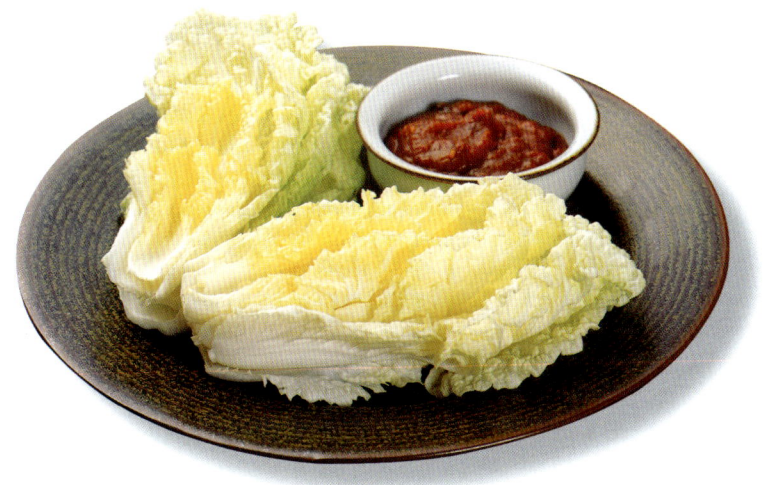

배추쌈과 쌈장 연한 상추나 쑥갓, 깻잎, 배춧잎 등의 채소로 밥을 싸서 쌈으로 먹는다. 약고추장과 쌈된장, 강된장 등을 준비하고 마른 찬을 곁들이면 더욱 좋다.

상추, 실파, 쑥갓, 깻잎은 다듬은 후 흐르는 물에 깨끗이 씻어 소쿠리에 건져 물기를 거둔다. 상추 위에 깻잎, 쑥갓을 놓고 실파는 타래를 지어 그 위에 올린 다음 약고추장이나 쌈장을 곁들여 먹는다.

| 재료 |

상추 200g, 실파 50g, 쑥갓 50g, 깻잎 50g, 약고추장 2큰술, 쌈된장 2큰술,

쌈장(된장 4큰술, 고춧가루 1작은술, 쇠고기 100g, 표고 2장, 풋고추 2개),

보리새우볶음(보리새우 50g, 식용유 1큰술, 간장 1큰술, 설탕 2작은술,

참기름 2작은술, 통깨 2작은술),

병어감정(병어 500g, 고추장 2큰술, 설탕 1큰술, 간장 1큰술, 물 1컵, 마늘 2톨,

대파 약간, 생강 $\frac{1}{2}$개)

| 만드는 법 |

〈쌈장〉

1. 쇠고기와 표고는 손질하여 채 썰어 양념한다.

2. 양념한 고기와 표고를 볶다가 된장을 물에 풀어 넣고 끓인다.

3. 국물이 되직해지면 고춧가루와 다진 풋고추와 파를 넣는다.

〈보리새우볶음〉

1. 팬에 식용유를 두르고 손질한 보리새우를 넣고 약한 불에 볶는다.

2. 기름이 스며들면 설탕, 통깨, 간장, 참기름을 넣고 빨리 섞는다.

〈병어감정〉

1. 병어를 살만 포를 떠서 막대 모양으로 썬다.

2. 파, 마늘, 생강은 채 썬다.

3. 냄비에 고추장, 설탕, 물, 간장을 넣고 팔팔 끓이다가 생선을 넣는다.

4. 채 썬 양념을 넣고 국물을 끼얹으면서 부서지지 않게 끓인다.

대추편포 · 칠보편포

기름기 없는 쇠고기를 곱게 다져 양념장에 주물러 대추 모양으로 빚거나 동글 납작하게 빚어 말린 포이다.

| 재료 |

쇠고기(우둔살) 300g, 양념장(간장 4큰술, 설탕 시럽 1큰술, 꿀 4큰술,

후춧가루 1작은술, 배즙 ½ 컵, 생강즙 2작은술)

| 만드는 법 |

1. 쇠고기는 물기를 닦은 다음 곱게 다져 양념장에 충분히 주무른다.

2. 양념한 고기의 반은 대추 모양으로 빚고, 잣 한 알씩 깊게 박는다.(대추편포)

3. 나머지 반은 동글납작하게 빚은 다음, 잣 한 알을 중심에 박고 6개의 잣을
   돌려 가면서 깊숙이 박는다.(칠보편포)

4. 2와 3을 햇볕에 뒤집어 가며 고르게 말린다.

5. 상을 낼 때에 칠보편포와 대추편포는 참기름을 바른 다음, 살짝 구워 잣가
   루를 뿌린다.

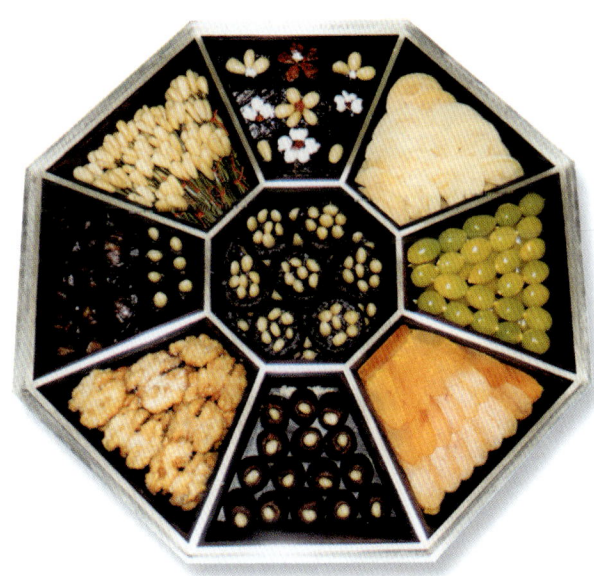

대추편포와 칠보편포
기름기 없는 쇠고기를 곱
게 다져 양념장에 주물러
서 대추 모양으로 빚거나
동글납작하게 빚어 말린
포이다. 구절판 안쪽에
육포쌈과 함께 담겨 있는
것이 대추편포이고, 가운
데에 담긴 것이 칠보편포
이다.

오이고추장장아찌

| 재료 |

오이 7kg, 간장, 고추장

| 만드는 법 |

1. 오이는 껍질이 얇은 것으로 골라서 간장에 이틀쯤 절였다가 건져 장아찌용
   고추장에 박아 둔다.

2. 먹을 때 꺼내서 썰어 갖은 양념을 하여 낸다.

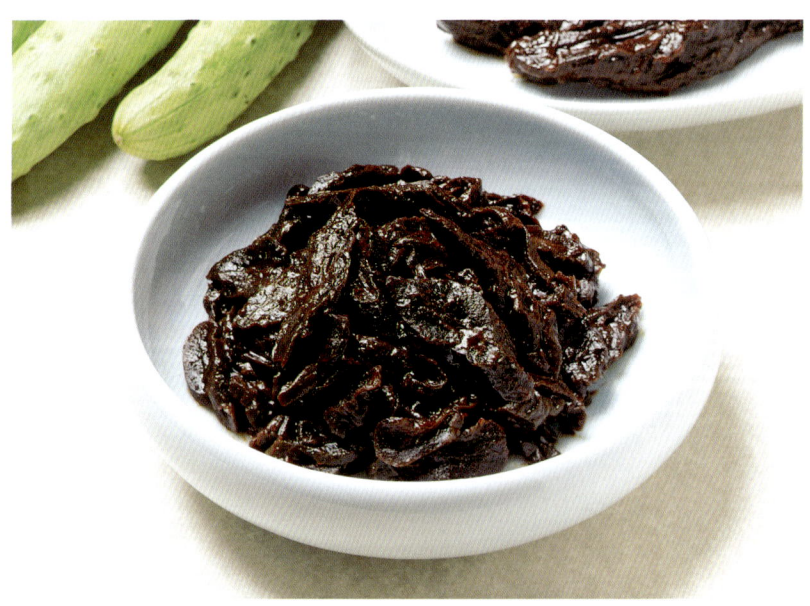

오이장아찌 오이를 간장과 고추장에 절여 먹는 것으로, 여름에 먹기에 좋다.

마늘장아찌

| 재료 |

마늘 50통, 식초 6컵, 간장 2컵 반, 설탕 반컵, 소금 2큰술

| 만드는 법 |

1. 마늘은 하지 전의 것으로 6쪽 마늘을 고른다. 껍질을 두 겹 정도 벗기고 뿌리와 대공 부분을 자른 다음, 깨끗이 씻어 소쿠리에 건져 놓는다.

2. 항아리에 마늘을 차곡차곡 담고, 마늘이 푹 잠길 정도로 식초를 부어 20일 정도 시원한 곳에 보관한다.

3. 20일쯤 지난 뒤에 식초를 약간 남기고 따라낸다.

4. 그 위에 나무 막대기를 걸친 다음, 간장, 설탕, 소금을 섞어 잠길 정도로 붓고, 돌로 눌러 3~4일 두었다가 국물을 쏟아서 끓여 식힌 뒤 다시 붓는다. 이와 같이 3~4회 거듭하면 오래 두고 먹을 수 있다.

5. 간장을 부은 지 20일쯤이면 꺼내 먹을 수 있다. 꺼내서 뿌리와 대공 쪽을 얇게 저며낸 다음, 2~3쪽으로 도톰하게 썰어서 담아 낸다.

마늘쫑장아찌

| 재료 |

마늘쫑 400g, 고추장

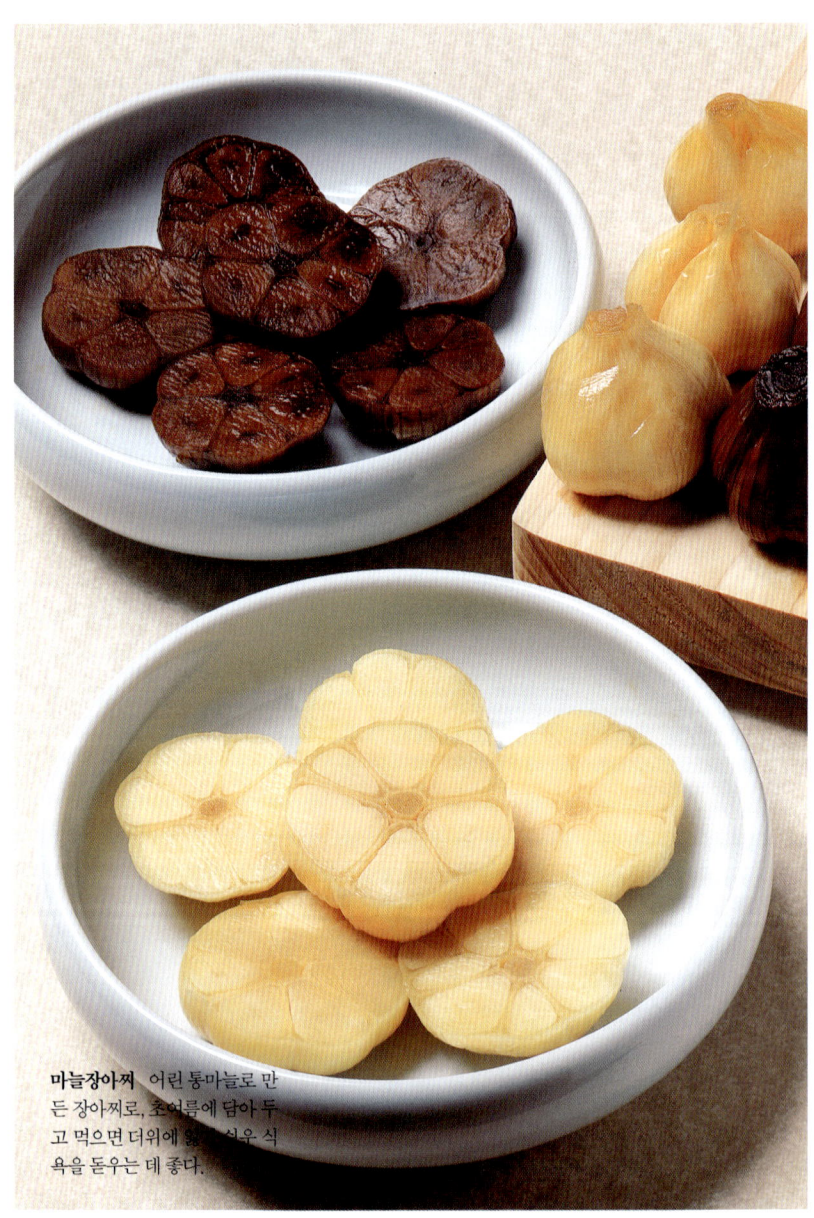

마늘장아찌 어린 통마늘로 만
든 장아찌로, 초여름에 담아 두
고 먹으면 더위에 없 식우 식
욕을 돋우는 데 좋다.

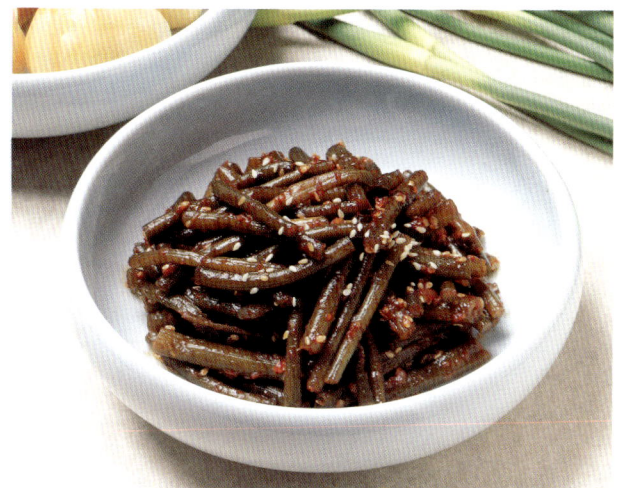

마늘쫑장아찌 매콤하고 짭짤하여 이른봄에 넉넉히 준비해 두면 여름철에 아주 요긴한 밥반찬, 도시락 반찬이 된다.

| 만드는 법 |

썻은 마늘쫑을 꾸덕꾸덕하게 말려 장아찌용 고추장에 2개월 정도 박아 두었다가 꺼내 썰어 갖은 양념을 한다.

호두장아찌

| 재료 |

깐호두 1컵 반, 쇠고기 50g, 간장 5큰술, 설탕 1큰술, 물엿 1큰술, 물 3큰술

쇠고기 양념장(간장 1작은술, 다진 파 1작은술, 다진 마늘 ½작은술, 설탕 1작은술, 후춧가루 약간, 참기름 1작은술)

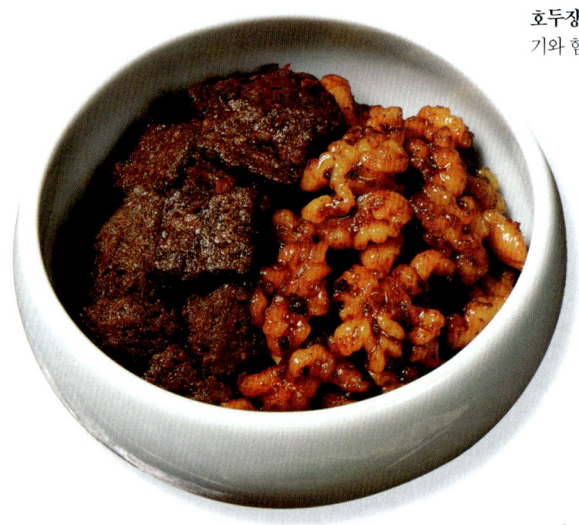

호두장아찌 호두껍질을 벗겨 쇠고 기와 함께 간장에 조린 장아찌이다.

| 만드는 법 |

1. 호두는 더운 물에 담가 꼬챙 이로 속껍질을 벗긴다.

2. 쇠고기는 저며 다 져서 양념한다.

3. 간장과 물, 설탕을 잠깐 끓인 다음 1과 2를 함께 넣고 간장을 부어 뭉근한 불 에서 조린다. 다 조려졌으면 물엿을 넣어 윤기를 내고, 불에서 내린다.

〈참고〉 호두의 속껍질은 더운물에 담가 식초 한 방울을 넣으면 잘 벗겨진다.

더덕장아찌

| 재료 |

더덕 1.2kg, 소금 적당량, 간장 3컵, 고추장 15컵, 갖은 양념

| 만드는 법 |

1. 더덕 껍질을 벗겨 소금에 살짝 절여 짠 다음 통풍이 잘 되는 곳에서 말린다.

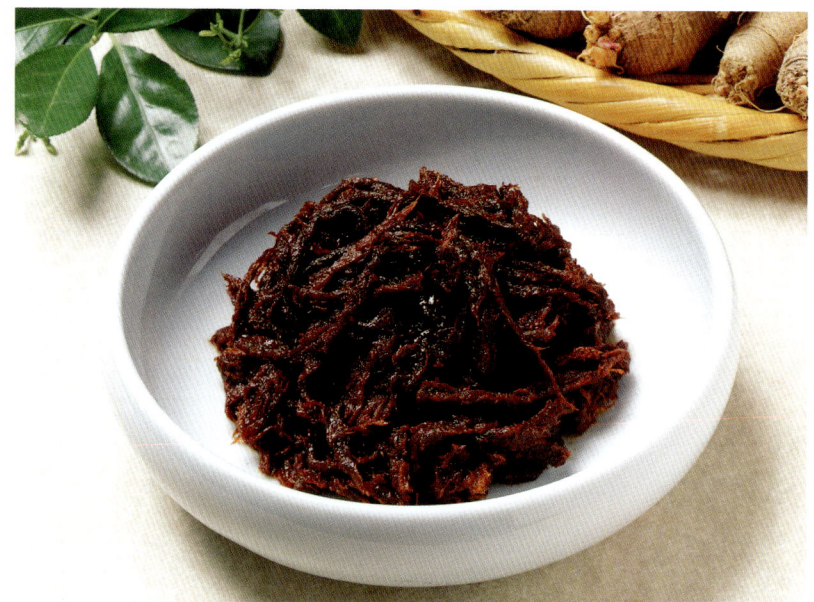

더덕장아찌 더덕과 고추장의 맛과 향이 잘 어우러진 음식이다.

2. 간장과 고추장을 섞어서 더덕을 한 켜씩 놓고 바른 후 돌로 눌러 놓았다가 먹을 때 꺼내어 갖은 양념에 무쳐서 낸다.

깻잎장아찌

| 재료 |

깻잎 200장, 소금물,

양념장(생강채 $\frac{1}{3}$컵, 통깨 $\frac{1}{3}$컵, 설탕 1컵, 실고추 10g, 간장 2컵)

| 만드는 법 |

1. 깻잎을 씻어 물기를 제거한 후 찜통에 소금물을 넣고 베보자기를 깐 다음 김이 오를 때 살짝 찐다.

2. 식은 후 한 장씩 퍼 가며 양념을 발라 5장 정도씩 같이 묶어 항아리에 차곡 차곡 담고 남은 양념과 간장을 붓는다.

3. 항아리 지름 크기로 비닐을 잘라 덮고 소독저를 얼기설기 얹은 후 돌로 눌러 둔다.

4. 2~3일 후에 간장을 달여서 식혀 붓는다.

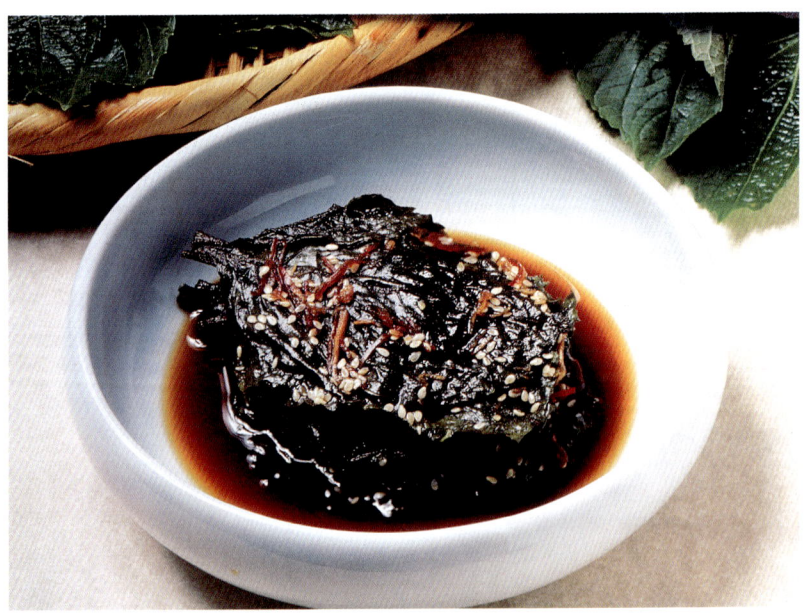

깻잎장아찌 들깻잎은 다른 채소보다 비타민 A와 C가 풍부하며 향이 좋아 입맛을 돋우기에 적당한 재료이다.

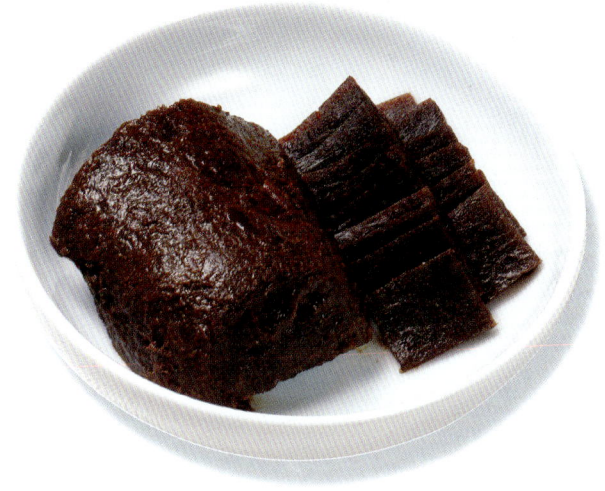

무장아찌 예부터 장기 저장식품으로 널리 전해 왔다. 시간이 오래 걸리지만 밑반찬으로 오래 두고 먹을 수 있다.

무장아찌

| 재료 |

무 1kg, 소금물, 고추장

| 만드는 법 |

무를 반으로 또는 넷으로 갈라서 소금물에 절였다가 꾸덕꾸덕하게 말려 장아찌용 고추장에 4개월 정도 박아 두었다가 꺼내 썰어 갖은 양념을 한다.

굴비장아찌

| 재료 |

굴비 2마리, 고추장, 참기름 2작은술

| 만드는 법 |

1. 잘 말린 굴비를 비늘을 벗기고 깨끗이 손질한다.

2. 장아찌용 고추장에 3~4개월 동안 넣었다가 먹을 때 한 마리씩 꺼내어 먹기
   좋은 크기로 살을 발라 참기름을 조금 넣어 무쳐 낸다.

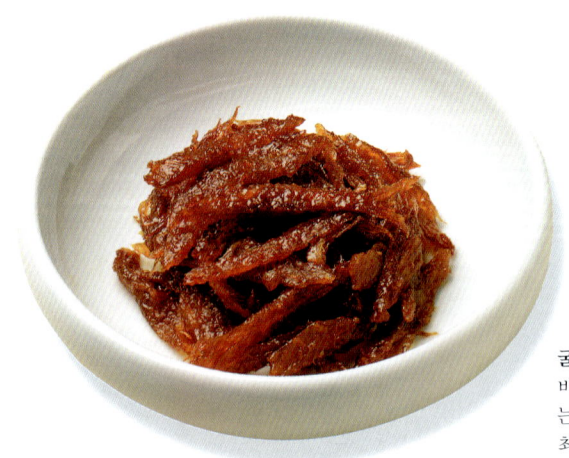

굴비장아찌 굴비의 기름기나
비린내가 빠지고 꼬들꼬들 맛있
는 장아찌로, 장아찌 중에서도
최고급으로 손꼽히는 음식이다.

감장아찌

| 재료 |

감 10kg, 소금 2kg, 고춧가루 3큰술, 다진 마늘 1작은술,

깨소금 1작은술, 설탕 2큰술

| 만드는 법 |

1. 감은 붉은 기가 약간 있고 꼭지 부분이 파랄 때 딴다.

2. 소금물을 팔팔 끓여 식힌다.

3. 항아리에 감을 차곡차곡 담아서 감잎으로 덮은 다음 식힌 소금물을 감잎이
   잠길 정도로 부은 후 재〔灰〕를 10cm 정도 두께로 덮는다.

4. 감장아찌를 소금물에서 꺼내 3~4일 후 물로 씻고 껍질을 깎아 얇게 썰어
   양념을 한다.

게장

| 재료 |

꽃게 3마리(1kg), 간장 $\frac{1}{2}$컵, 붉은 고추 1개, 풋고추 2개, 실파 30g,

양념장(고춧가루 4큰술, 다진 마늘 1큰술, 다진 생강 $\frac{1}{2}$큰술, 설탕 $\frac{1}{2}$큰술, 통
깨 $\frac{1}{2}$큰술)

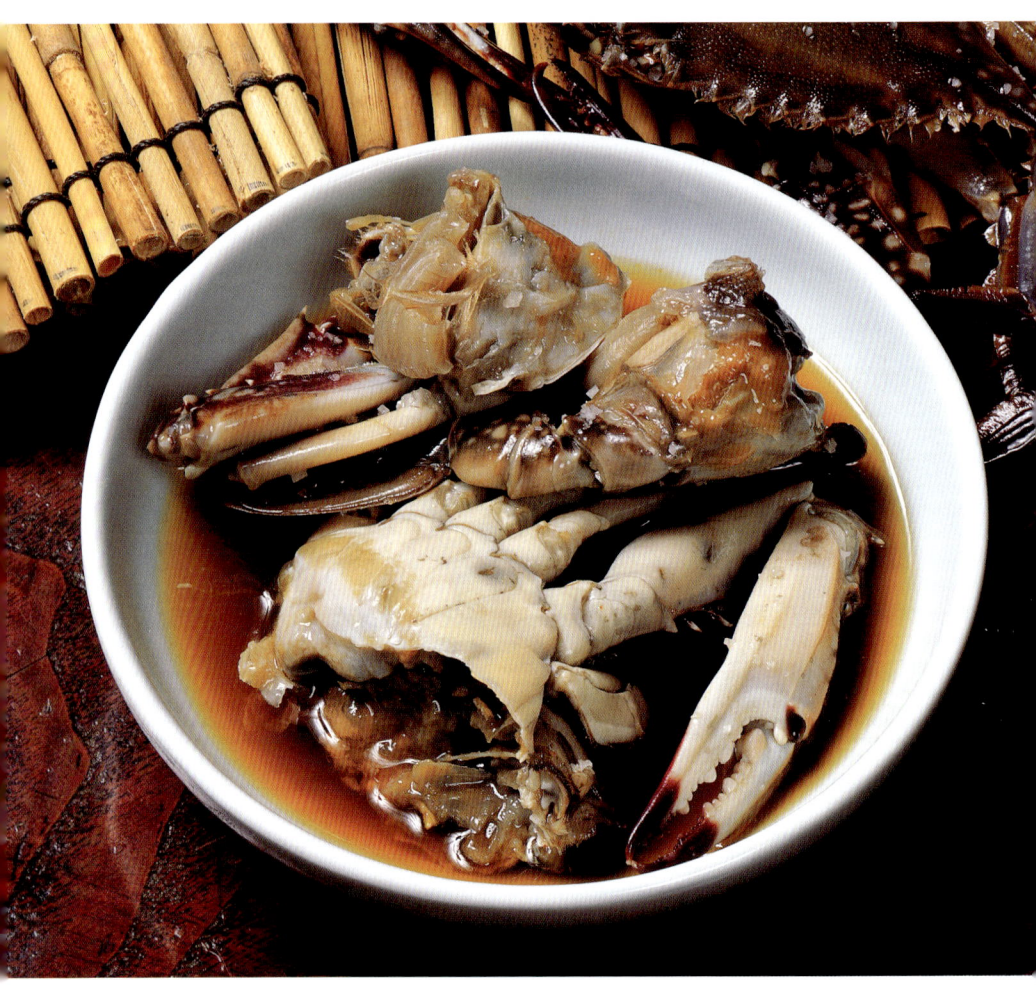

간장 게장 꽃게를 손질하여 간장에 절였다가 먹는 음식으로, 입맛을 잃기 쉬운 봄철에 식욕을 돋워 준다.

| 만드는 법 |

1. 꽃게는 산 것으로 들어 보아 묵직하고 발이 모두 붙어 있는 것을 골라 솔로 문질러 닦는다.

2. 게딱지를 열고 딱지 안의 장은 그릇에 모으고 아가미와 모래주머니는 떼어 내고 다리의 끝마디는 잘라낸다.

3. 몸통을 반 가르고 발은 붙인 채로 세 토막 정도로 나누어 간장을 부어 가끔 뒤적이면서 한 시간 정도 절인다.

4. 풋고추와 붉은 고추는 갈라서 씨를 빼고 어슷하게 채로 썰고 실파는 다듬어서 4cm 길이로 썬다.

5. 게에 간이 배이면 간장을 그릇에 쏟고 양념을 넣어 섞는다. 이어서 풋고추, 붉은 고추, 실파와 꽃게 토막을 넣어서 고루 무쳐서 바로 먹기도 하지만 하루쯤 두는 편이 고루 간이 들어 맛이 있다.

장산적

| 재료 |

쇠고기 150g, 두부 50g, 잣가루 $\frac{1}{2}$ 작은술,

양념장(간장 1큰술, 설탕 $\frac{1}{4}$ 큰술, 다진 파 1큰술, 다진 마늘 $\frac{1}{2}$ 큰술,

깨소금 2작은술, 참기름 $\frac{1}{2}$ 큰술, 후춧가루 약간),

조림장(간장 2큰술, 물 2큰술, 설탕 1작은술, 생강 1작은술)

| 만드는 법 |

1. 고기는 기름기가 없는 부분으로 곱게 다져 놓고 두부는 물기 없이 꼭 짜서 으깬다.

2. 양념장을 만들어 고기와 두부를 양념한 다음 잘 섞이도록 고루 치댄다.

3. 도마에 2를 편편하게 펴고 위에 잔칼집을 넣는다.

4. 석쇠에 은박지를 깔고 노릇하게 굽는다.

5. 구운 후 적당한 크기로 썰어 냄비에 조림장을 담아 끓을 때 고기를 잠깐 조려서 식힌 후 그릇에 담고 잣가루를 뿌린다.

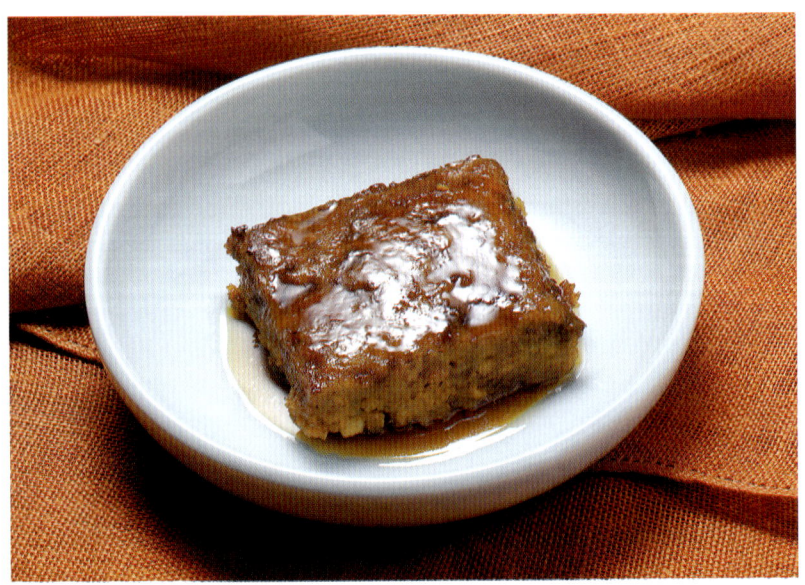

장산적 조림장에 졸여 감칠맛이 나는 장산적은 고기를 잘 치대는 것과 양념해서 모양을 만든 고기에 잔칼질을 해 두는 것이 중요하다.

묵은 나물 무침

| 재료 |

무 ⅓개, 말린 호박 100g, 말린 가지 100g, 도라지 200g, 시금치 200g, 파 2뿌리, 마늘 2통, 참기름, 깨소금, 청장

| 만드는 법 |

1. 무는 껍질을 벗겨 5cm 길이로 채 썰고 도라지는 소금을 넣고 주물러서 씻는다. 시금치는 다듬어 흐르는 물에 씻어 건진다.
2. 말린 호박, 가지는 물을 부어 충분히 불린다.
3. 무는 물을 조금만 붓고 익힌 다음 청장으로 간하고 갖은 양념한다.
4. 시금치는 끓는 물에 소금을 넣고 파랗게 데친 다음 갖은 양념을 하고 청장으로 간한 다음 팬에 살짝 볶는다.
5. 도라지는 청장으로 간하여 갖은 양념을 넣어 볶다가 물을 부어 익힌다.
6. 말린 호박과 가지는 청장으로 간하여 갖은 양념을 넣고 볶다가 물을 약간 넣어 뚜껑을 덮고 잠깐 익힌다.

연근조림

| 재료 |

연근 300g, 간장 4큰술, 설탕 1큰술, 물엿 1작은술

| 만드는 법 |

1. 연근은 껍질을 벗기고 0.5cm 두께로 썰어 물에 담가서 색이 변하는 것을 막는다.

2. 끓는 물에 연근을 넣어 살짝 데친 후 꺼내어 냄비에 담고, 간장과 설탕을 넣어 물을 조금 붓고 서서히 조린다.

3. 반쯤 졸면 물엿을 넣고 조리다가 완성되면 그릇에 담는다.

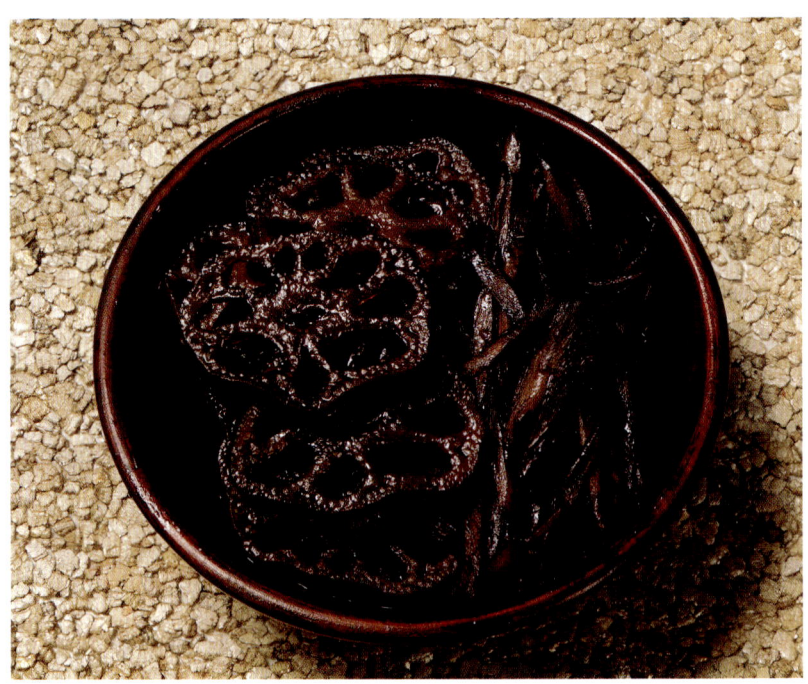

연근조림과 우엉조림 밑반찬으로 해 두고 먹으면 좋은 전통 음식이다.

우엉조림

| 재료 |

우엉 400g, 간장 4큰술, 설탕 2큰술, 물 2컵, 물엿 1작은술, 식용유 2큰술

| 만드는 법 |

1. 우엉은 껍질을 벗기고 어슷하게 썰어 소금물에 헹구어 준비해 둔다.

2. 두꺼운 냄비에 식용유를 두고 우엉을 볶다가 물, 간장, 설탕을 넣고 졸인다.

3. 국물이 줄어들면 물엿을 넣고 졸인 후 그릇에 담는다.

우리 장의 미래

    장은 우리 고유의 전통음식의 맛을 결정하는 기본적인 발효 조미료로서, 한번 담그면 일년 또는 그 이상 먹게 되므로 각 가정에서는 장을 담그고 간수하는 데 정성을 다해 왔다. 최근 장에서 많은 생리활성물질들이 발견되고 인체의 건강을 지켜 주는 기능성이 연구 발표되면서 그 중요성이 더욱 강조되고 있으며, 다시 한번 약식동원(藥食同源)으로서의 우리 음식 문화를 일깨워 주고 있다. 옛날에는 과학적인 지식이 없이 경험에 의하여 장 담그는 방법이 정립되고 전수되어 왔는데, 이렇듯 발효라는 신비한 작용을 일찍이 터득했던 조상의 지혜에 감탄하게 한다.

    『동국세시기』에서는 일년 중 민가에서 치르는 가장 큰일 중 하나로 장 담그기를 꼽고 있고 한 집안의 음식 맛은 장맛에서 비롯되며 장맛이 좋아야 가정이 길하다고 하여 우리 여인네들은 갖가지 장을 담글 줄 알아야 했고 아침, 저녁 장독을 여닫고 정성을 다해 장독을 살펴야 했다. 그러나 생활환경이 변화하면서 장 담그는 일이 주부의 손에서 공장으로 넘겨지고 슈퍼마켓 상품진열대가 장독대

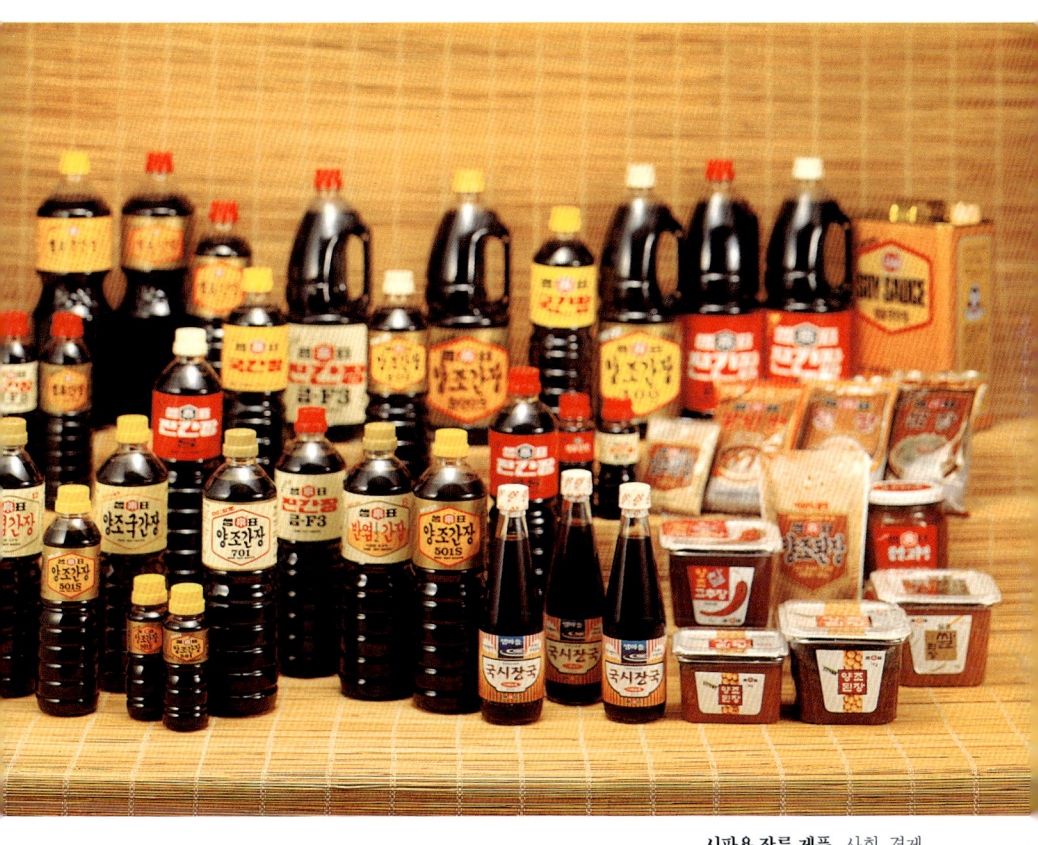

시판용 장류 제품 사회, 경제적 발전 및 생활패턴의 변화에 따라 가정에서 장 담그는 비율이 현저히 감소하였으며, 장류 생산업체의 제품 개발 역시 다양화되고 있다. 사진 ⓒ 샘표식품

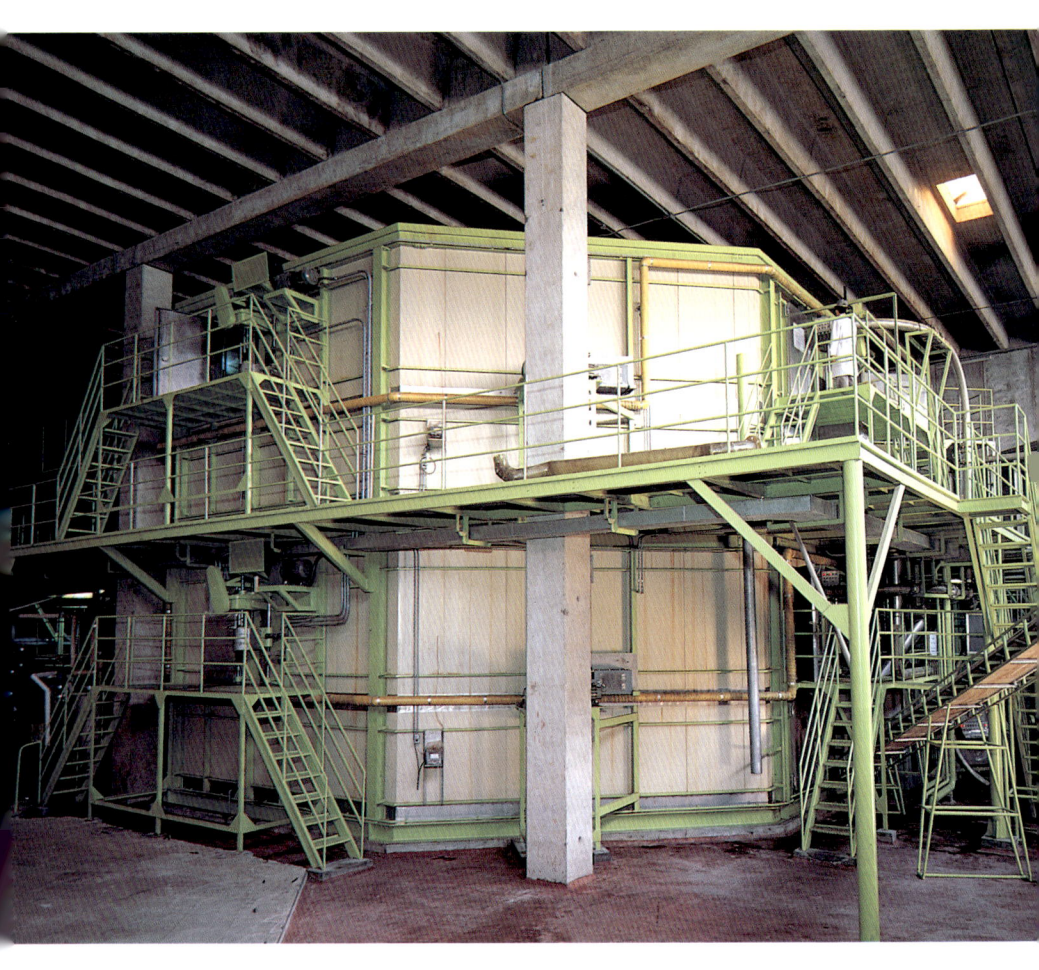

간장 제조 공장 내부 사진 ⓒ 샘표식품

가 되었다.

1886년 최초로 산본장유양조장(山本醬油釀造場)이 일본인에 의해 설립된 이후 1910년에 이르기까지 서울, 인천, 부산 지역에 총 24개의 장류 공장이 설립되어 주로 일본인의 자체 수요를 충당하거나 일부는 일본, 만주 등으로 수출된 것으로 알려지고 있다. 해방 이후부터는 일본인이 운영하던 공장들이 우리 손에 의해 운영되기 시작하였다.

1960년대 들어 우리나라 장류산업이 커다란 전환점을 맞게 되었는데, 영세한 환경 속에서도 점차적으로 기술누적, 품질향상을 위한 노력을 해 온 결과 장류 시장의 규모가 커져 1998년 간장이 약 1200억 원, 된장 900억 원, 고추장 1500억 원 내외로 전체 규모가 3600억 원 정도에 이르렀다. 앞으로 우리나라의 장류 생산량 현황 및 전망은 148쪽 표에서 보듯이 추정치이지만 장류의 소요량은 계속 증가할 것이 틀림없다. 사회, 경제적 발전 및 생활패턴의 변화에 따라 가정에서 장 담그는 비율이 현저히 감소할 것으로 추정되기 때문이다. 1999년도 장 생산량이 간장 189,787㎘, 된장 102,522톤, 고추장 89,327톤이었는데 2005년도에는 간장 269,892㎘, 된장 202,880톤, 고추장 121,625톤으로, 2010년에는 간장 350,859㎘, 된장 304,320톤, 고추장 156,288톤으로 증가할 것으로 추정된다고 한다. 또한 우리 장의 품질이 세계적으로 알려지면서 2000년대에는 수출량도 많이 신장할 것으로 기대되어 생산량이 추정치를 훨씬 넘어설 수도 있다고 본다.

한편 젊은 세대의 입맛의 변화에 따라 소비량이 감소하는 경향이 보인다고 하니 이를 고려하여 젊은 세대의 입맛에 맞는, 그리고 세계인의 기호를 형성시킬 수 있는 다양한 장류 제품의 개발이 시급하다.

장은 숙성과정에서 콩단백질이 분해되면서 우러나는 구수한 맛을 지니게 되는데 이것은 소금만으로는 해결할 수 없는 맛으로, 장이 기본 조미료로 이용되어 온 우리 전통음식은 장으로 맛을 한층 높일 수 있었다. 우리 민족은 국물 음식을 선호하여 국, 찌개 등이 발달하였고, 채소로 만든 갖가지 나물 문화, 맥적을 효시로 고기도 장과 양념으로 반드시 조미하여 먹는 이러한 식습관은 훌륭한 장 문화가 있었기 때문에 가능했다. 또한 콩으로 만든 장은 영양 면에서도 우수해 단지 간을 맞추는 역할뿐만 아니라 여러 가지 찬물에 곁들임으로써 영양상 서로 보완이 되어 합리적인 식생활을 영위할 수 있도록 한다. 이러한 까닭으로 콩으로 만든 장류는 우리의 삶에 필수음식으로 뿌리를 내리게 된 것이다.

요즈음 전통된장, 조선간장 등이 산업적인 생산에 의해 선을 보이는데 본격적인 생산에 앞서 좀더 전통적인 우리 맛을 찾아야 한다고 생각한다. 장류 생산업체에서는 개발팀의 비중을 높이고 장의 제조에서부터 장류 제품의 개발에 이르

한국 장류의 생산량 현황 및 전망

연도	간장(kl)	된장(톤)	고추장(톤)
1980	108,765	53,995	35,750
1988	115,248	45,246	33,737
1994	172,147	83,982	70,434
1999	189,787	102,522	89,327
2005	269,892	202,880	121,625
2010	350,859	304,320	156,288

자료 출처 : 식품통계연감, 618-630(1999), 2005, 2010년은 예상치.

기까지 전문가를 적극적으로 참여시켜야 한다. 먼저 장맛이 잘 어우러지는 우리의 음식을 발굴해내고 장을 기본으로 한 소스의 개발을 통해 새로이 변화되고 있는 음식에 장이 적용될 수 있도록 하며 세계 시장에서 경쟁력을 가질 수 있는 제품의 개발 등이 요구된다.

고추장은 매운맛이 더해진 우리의 독특한 장으로 현대인의 기호에 적합하고 김치와 같이 세계적으로 기호를 형성시켜 나갈 수 있는 장점을 갖고 있다. 고추장을 이용한 음식의 개발 또는 고추장의 용도를 달리하여 제품을 개발하면 다른 장류보다 장의 세계화가 앞당겨질 것으로 생각된다. 그리고 퓨전 음식으로의 개발도 바람직하다고 생각되나 퓨전이라는 의미가 우리 맛을 잃어 가는 것이 아니라 오히려 세계에 한국의 맛을 알리는 수단이 될 수 있도록 해야 한다. 또한 저장성이 높은 것이 장이라 하지만 장의 단점이라고 할 수 있는 염분의 농도를 줄여 저염 장류의 개발이 요구되므로 장을 보관할 수 있는 용기의 개발 등 장의 보관방법도 고려해 볼 만하다.

무엇보다 필요한 것은 장의 과학적 연구를 위한 정책적인 지원이며 대국민영양교육과 문화관광부, 관광공사 등의 주관으로 세계에 장을 알리는 적극적인 전략이 필요하다.

장맛이 좋아야 가정이 길하다고 했던 것을 장맛이 좋으면 나라가 길하다고 생각으로 넓혀 볼 수도 있겠다. 장류 문화 종주국으로서의 긍지를 지켜나가야 할 것이다.

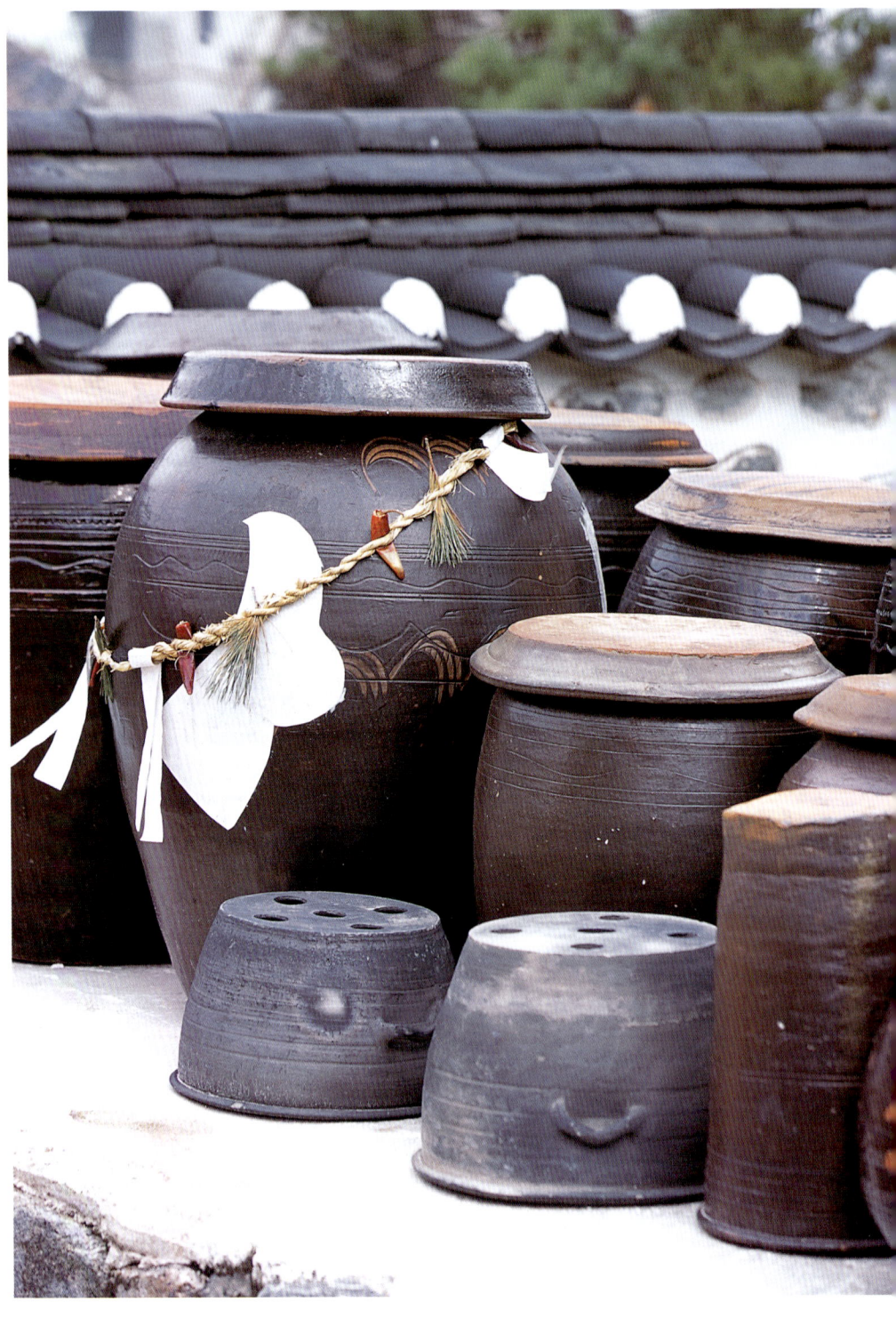

부 록

콩과 장에 관련된 속담

장은 가정에서 가장 요긴하고 든든한 상비식품이다. 장은 모든 음식의 근본이 되므로 각 가정에서는 맛있는 장을 담기 위해 갖은 노력을 기울였다. 그러다 보니 자연히 장에 관련된 속담이 많이 전래되었다.

■ 콩 심은 데 콩 나고 팥 심은 데 팥 난다.

: 무슨 일이든 원인에 따라 결과가 생긴다는 뜻이다.

■ (비둘기)마음은 콩밭에 있다.

: 관심 없는 일을 억지로 하고 있는 상태를 말하거나 하는 일과 실제 관심 있는 일이 다를 때를 말한다.

■ 콩 한 알도 나누어 먹는다.

: 어려운 때일수록 이웃과 도우며 살아야 한다는 뜻이다.

■ 콩 볶아 먹다가 가마솥 깨트린다.

: 작은 일에 너무 집착하면 오히려 큰 일을 그르친다는 가르침이 담겨 있다.

■ 콩 반 알도 남의 몫 지어 있다.

: 아무리 하찮은 물건이라도 남의 것을 탐내지 말라는 경계의 뜻으로
쓰인다.

■ 콩밭에 가서 두부 찾는다.

: 지나치게 성급한 행동을 할 경우를 빗대는 말이다.

■ 콩나물 시루 같다.

: 무엇이 빽빽이 들어차 있는 상태를 비유한 것으로 다소 부정적인 의
미로 쓰인다.

■ 콩 꼬투리에 물이 줄줄 흘러야 콩 풍년(豊年)든다.

: 콩이 여무는 시기에 가뭄이 없어야 결실이 잘 되어 풍성한 수확량을
올릴 수 있다는 뜻이다.

■ 북풍(北風)이 불면 콩은 춤을 추고 벼는 오그라든다.

: 우리나라는 기후대상 편서풍 지대이므로 북풍이 불면 시베리아로부
터 한랭한 저온이 내려오는데, 이 시기는 벼의 추수기에 해당되어 생
육에 좋지 않은 영향을 주게 되지만 콩은 이 시기에 기온이 낮은 경우
대사물질이 콩 꼬투리로 잘 전류되어 수확량이 올라간다는 뜻으로 풀
이된다.

■ 뙤약볕에 마른 콩잎 이슬비에 힘이 난다.

: 힘들고 어려운 상황에 처했을 때에는 작은 도움으로도 큰 힘이 될 수
있다는 가르침이 숨어 있다.

■ 가뭄에 콩 나듯 한다.

: 흔하지 않은 일을 가리킨다.

■ 삼복에 장마지면 콩, 팥이 흉년 든다.

　: 초복과 말복 사이에 비가 자주 오면 콩 수확량이 적어진다는 뜻이다.

■ 콩으로 메주를 쑨다 하여도 곧이듣지 않는다.

　: 거짓말을 잘 하는 사람을 경계하기 위한 뜻이다.

■ 사랑을 하면 눈에 콩깍지가 쓴다.

　: 상대의 결점도 귀여운 장점으로 비치는 일에 비유하거나 젊은이들의

　맹목적인 사랑을 보고 하는 말이다.

세계의 장

한국

된장

콩을 물에 불린 다음 충분히 삶아 거칠게 으깬 뒤 둥근 모양, 네모난 모양 등의 소위 메주라고 하는 형태를 만든다. 메주의 형태는 지방마다 혹은 가정마다 그 형태와 모양이 다를 수가 있다. 그러나 보통 직육면체가 기본 형태이다. 메주를 매달 때 형태를 유지할 수 있도록 하루 정도 건조시킨 다음 볏짚으로 묶어 매어 단후 1~2개월 정도 발효시킨다. 발효가 다 된 메주는 깨끗하게 씻고 말린 다음 적당한 농도의 소금물에 넣고 4~5개월 정도 2차 발효시키면 완성된 된장이 된다.

된장은 메주의 발효과정 중에 여러 종류의 곰팡이와 효모, 그리고 볏짚 등에서 유래되는 세균에 의해서 분비된 많은 종류의 효소작용과 2차 발효과정에서 효모의 발효작용으로 한국인의 전통과 정서에 맞는 장류식품이 된다. 일본의 미소보다 다양한 맛과 강한 풍미가 있으며 주로 찌개나 양념된장 등에 이용된다.

청국장

콩을 물에 불려 메주콩 삶을 때와 같이 충분히 삶은 다음, 50~60℃ 정도로 식히고 면보자기나 삼베보자기를 깐 용기에 담는다. 이때 볏짚을 약 10cm 정도로 잘라 여러 개를 삶은 콩과 같이 섞은 다음 보자기를 덮고 42℃로 유지하면서 2~3일 동안 발효시킨다. 그 후 발효된 콩에서는 실과 같은 점질물질이 생기는데 이때가 발효 종료 시점이다. 발효가 다 되면 직후에 소금, 마늘, 고춧가루 등의 양념류를 넣고 찧어서 주먹만큼 둥근 모양을 만들어 기밀 포장지에 싸서 냉장고에 보관하면서 적당한 방법으로 조리하면 청국장이 된다.

청국장 발효에 관계하는 균은 세균의 일종인 고초균이며 이 균이 자라면서 전분분해효소, 단백분해효소 등의 효소를 분비하기 때문에 소화가 잘 되고 맛도 좋으며 영양가도 높아진다.

일본

미소(Misso, 일본 된장)

현재 일본 시장에서 유통되고 있는 된장의 대부분은 쌀된장이다. 이 쌀된장이 전체의 80%를 차지하고 있다.

원료는 백미, 대두, 소금인데 우리의 재래식 된장과 다른 점은 백미를 많은 양 사용한다는 점이다. 백미를 원료의 일부로 하기 때문에 쌀 전분에서 유래되는 당분에 의하여 달짝지근한 맛을 내는 특징이 있다. 일본 된장국으로 이용되는

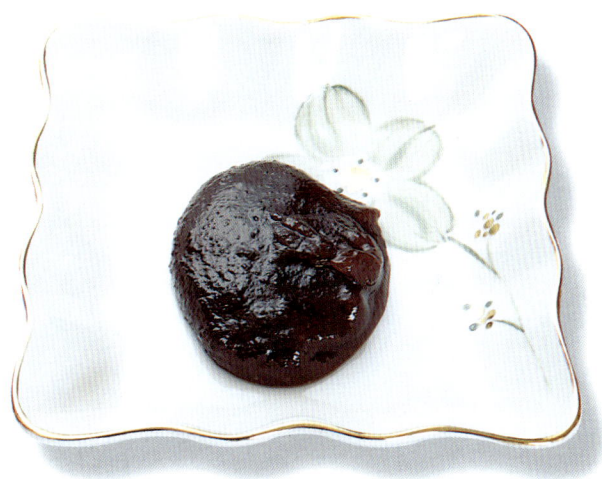

유자미소 미소는 우리의 된장과 비슷한데 백미가 많은 양 사용되었다는 것이 특징이다. 유자미소는 미소에 유자 성분을 추가하여 특유의 맛과 향을 낸다.

미소를 비롯하여 우리의 쌈장과 같은 용도로 쓰이는 미소 등 다양한 종류의 미소가 시판되고 있다.

　우리나라의 된장은 바실러스 서브틸리스라는 세균과 자연계의 국균을 이용하는 데 반하여, 일본 된장은 황국균 즉 아스퍼질러스 오리제라는 순수한 국균만을 이용하는 것에서 맛의 차이가 난다.

낫토(Natto, 일본 청국장)

　우리나라의 청국장과 유사한 낫토는 일본의 대표적인 두류 발효식품이다. 삶은 대두에 납두균(Bacillus natto)을 배양시켜 만든 이도히키 낫토(糸引納豆)와 납두에 소금을 첨가시켜 만든 시오 낫토(鹽納豆)가 있다. 그 밖에 낫토는 제조원리는 비슷하나 지역성이 강하여 지역마다 독특한 여러 종류의 낫토가 있다.

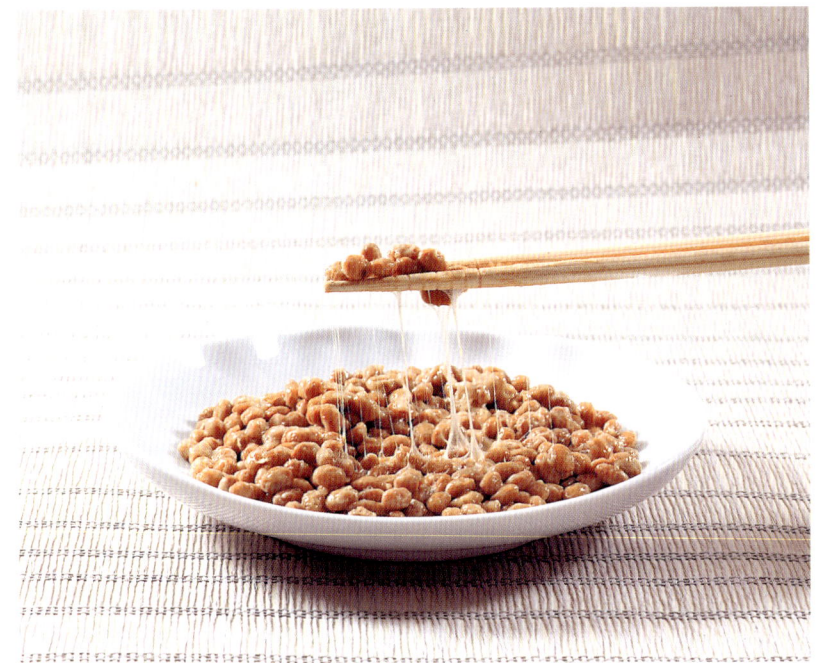

낫토 우리의 청국장과
유사한데 찌개 등으로
끓어 먹기보다 주로 밥
등에 얹어 먹는다.(위)
사진 ⓒ 평안식품

시판용 낫토 제품 사진
ⓒ 평안식품

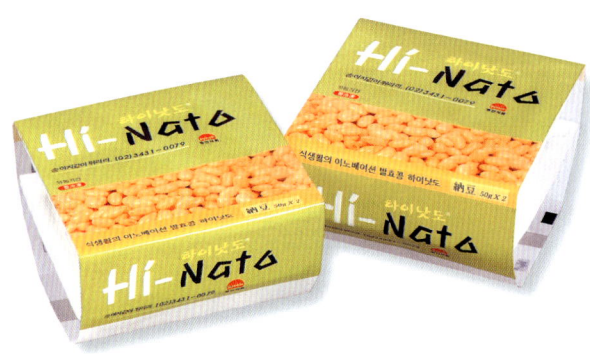

낫토의 발효에 이용되는 발효균은 세균의 일종인 바실러스 서브틸리스계의 바실러스 낫토 즉 납두균인데 이 균은 생육 조건에서 비오틴(biotin, 수용성 비타민)을 요구한다는 점이 다르다.

납두균의 생육에서 만들어진 단백질 분해효소에 의하여 대두 단백질이 정미성의 펩티드, 정미성의 아미노산 그리고 점질물질을 생성하는 것이 숙성의 주체가 된다.

낫토의 점질물의 본체는 글루타민산, 폴리펩티드와 과당의 다중합체이다. 이 점질물의 양과 질은 낫토의 품질에 관계한다. 이도히키 낫토는 점질성 실이 끊어지지 않고 길수록 품질이 좋다고 알려져 있다.

중국

수푸(酥腐, Sufu)

수푸는 연질 크림치즈 형태로 영양소가 매우 풍부한 중국 전통음식이다. 중국이나 대만에서 오래 전부터 제조되어 온 일종의 콩 발효식품이다.

만드는 법을 살펴보면, 먼저 콩으로 두부를 만들고 그 표면에 악티노 무코(Actinomucor)속이나 무코(Mucor, 털곰팡이)속 또는 리조푸스(Rhizopus, 거미줄곰팡이)속 곰팡이를 번식시킨 후 이것을 술이나 된장 또는 간장 등에 담가서 숙성시킨다. 숙성이 진행됨에 따라 두부의 조직이 부드럽게 되어 치즈와 같은 감촉이 있고 풍미도 치즈와 비슷하다. 시판되는 수푸는 보통 적색, 담황색 또는 백색의 네모난 조각이다.

수푸는 영어로 표기하기 곤란할 정도로 지방마다 명칭이 다양한데 표준 중국어에는 '토푸즈'로 기재되어 있다. 수푸는 곰팡이가 생긴 우유(molded milk)를 의미하고 토수푸는 곰팡이가 생긴 두유(molded bean milk)를 뜻하는데 서방에서는 수푸를 대두 치즈(Soybean cheese), 식물성 치즈(Vegetable cheese) 또는 중국식 치즈(Chinese cheese)라 부르기도 한다.

또우츠(豆豉)

또우츠(두시)는 콩을 발효시켜서 우리의 청국장과 같이 만든 발효식품이다. 삶은 콩을 띄울 때 소금의 첨가 여부에 따라서 함두시와 담두시로 구별되며, 함두시는 된장이나 간장에 해당하고 담두시는 청국장과 유사한 방식으로 만들어진다.

호남, 사천, 강서 등 중국 남부 지방에서는 부슬부슬한 알맹이로 된 간두시(말린 두시)가 있고, 북경 지방에서는 육필거두시, 산동 지방에는 산동두시 등이 즐겨 식용되는데 이들은 숙성 기간이 긴 습두시에 속한다.

아프리카

다와다와(Dawadawa)

다와다와는 로커스트 빈(Locust bean)을 발효시킨 것으로 중·서부 아프리카

일대의 전 사바나 지역에서 가장 중요한 발효 조미료이다. 다와다와의 원래 원료인 로커스트 빈이 부족한 상태에서 콩이나 땅콩이 대체원료로 사용되기도 한다. 다와다와는 띄운 후 단자 모양으로 뭉친 것을 손으로 눌러서 납작하게 만들고 햇볕에 건조시켜 보존성이 있는 식품이다.

로커스트 빈이 원래 검은색이기 때문에 제품도 검은빛을 띠고 있고 강한 냄새를 지닌 제품으로 수프나 스튜 향미제로 사용된다. 그리고 칼로리와 식물성 단백질을 제공한다. '다로감자' 등을 주식으로 할 때 소스나 스튜의 베이스로서 꼭 필요한 조미료이며 채소를 넣어 수프 모양으로 해서 먹고 있다.

다와다와에 이용되는 미생물은 한국의 청국장균인 고초균과 매우 비슷한데 '낙산취(酪酸臭)'의 강렬한 냄새가 풍기지만 현지인들에게는 아주 친밀하다고 한다.

인도네시아

템페(Tempe)

템페는 인도네시아를 대표하는 콩 발효식품이라 할 수 있다. 모든 계층에서 소비되며 단백질, 칼로리, 비타민의 공급원이다.

제조법을 간단히 요약하면 콩을 물에 불려 밟아서 껍질을 벗긴다. 껍질을 벗겨야만 템페의 발효균인 거미줄곰팡이(Rhizopus oligosporus Saitoi)가 잘 자라기 때문이다. 익힌 콩에 템페의 종균을 조금 섞어서 하이비스커스나 티크나무 잎의

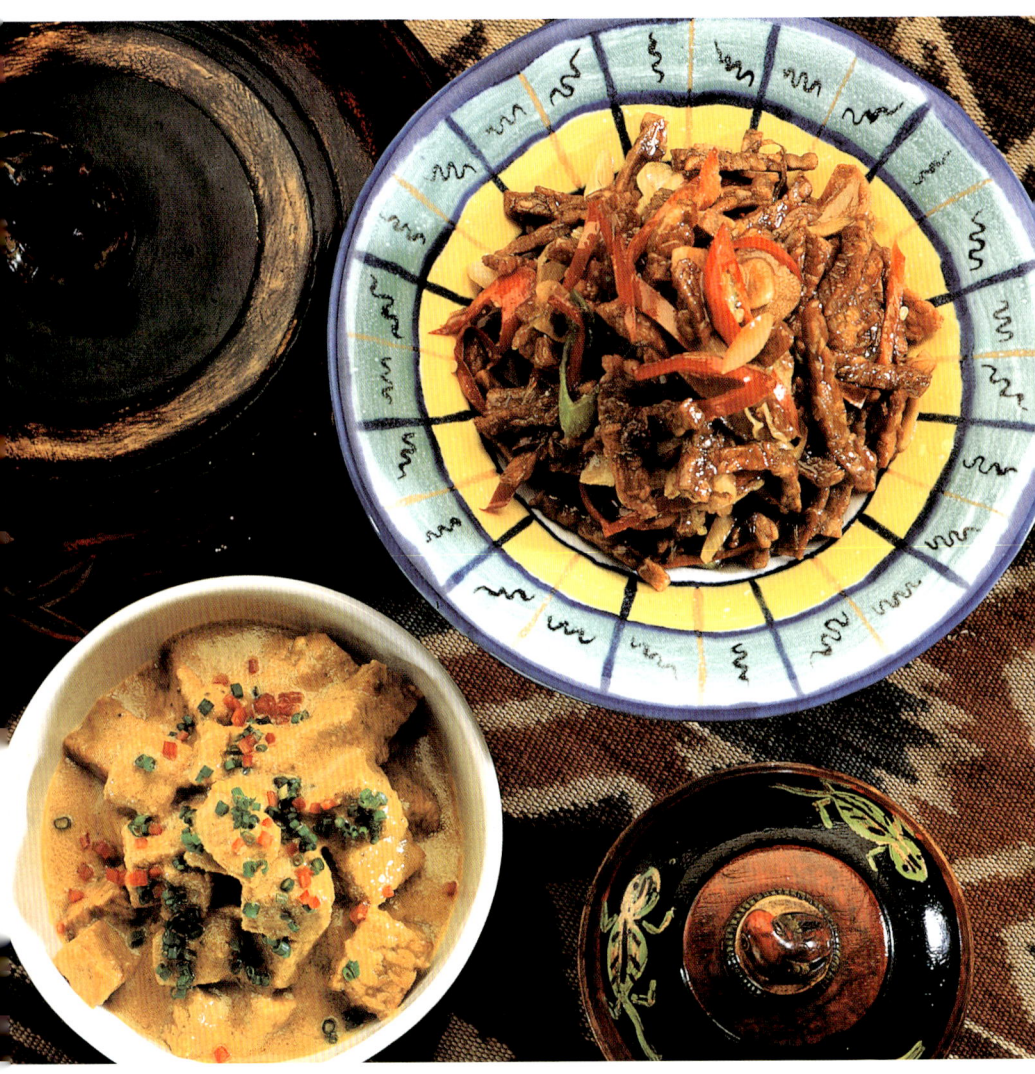

템페 스튜와 템페 튀김 왼쪽의 템페 스튜는 템페를 네모나게
자른 뒤 향신료 페이스트와 타피오카잎을 넣어 만든 것이며,
템페 튀김은 템페를 가늘고 길게 잘라 튀겨낸 것으로, 종려당
(palm sugar)과 고추를 넣어 달콤하고 매콤한 맛이 난다.

뒷면에 펴고 그 위에 또 다른 잎의 뒷면이 콩에 닿도록 덮는다. 여러 층으로 포갠 다음 30℃ 정도에서 2일간 발효시킨다.

발효된 템페는 마치 한국의 콩떡에 비유할 수 있을 만큼 콩 사이사이에 백색 곰팡이가 꽉 들어차서 단단한 상태가 된다.

템페는 그대로 먹는 일이 없고 간장을 발라서 굽든가 얇게 썰어서 기름에 튀기든가 수프에 넣어서 먹는다. 청국장류는 세균의 점질물에 의하여 끈적끈적하게 만들어지는 반면, 템페는 거미줄곰팡이에 의해서 단단하게 만들어진다는 차이점이 있다.

온쫌(Ontjom)

온쫌은 템페 못지않게 유명한 인도네시아 고유의 땅콩 발효식품이다. 온쫌은 땅콩이나 땅콩박(粕)에 빨강곰팡이(Neurospora sitophila, 홍국균)를 접종시켜서 발효시킨 식품이다.

온쫌의 생산량은 템페에 비해서는 적은 편이나 역사적으로는 템페와 마찬가지로 오래되고 현재도 각 가정에서 만들어 먹는다.

온쫌의 원료는 땅콩박에 한한다는 학설도 있다. 그러나 실제로는 삶은 콩에 빨강곰팡이를 배양한 것을 온쫌이라 부르고 있으므로 원료의 구별은 확실하지 않다.

인도

아이들리(Idli)

아이들리는 인도의 남부와 기타 지방, 더 넓게는 스리랑카에서도 인기 있는 인도의 발효식품이다. 아이들리 제조에 사용되는 주된 성분은 백미와 블랙그램(Black gram) 자엽이다.

제조방법은 쌀과 블랙그램 자엽을 물에 여러 번 씻고 6~8시간 물에 담근 다음 갈아서 소금 약 1%를 섞은 후 30℃에서 하루 내지 그 이상 발효시킨다. 이것을 쪄내어 주먹만하게 빚어내는데, 맛은 약간 시큼하면서도 담백하다.

발효에 관계하는 미생물은 원료에서 유래하는 자연적인 젖산균들이며 주된 발효균은 젖산균의 일종인 이형젖산균(Leuconostoc mesenteroides)이다. 세균에서 생성된 산은 잡균을 통제하고 발효제품의 안정화에 기여한다. 아이들리는 단백질, 비타민, 칼로리의 중요한 급원이며 유아에게는 소화율과 영양이 높은 식품이다.

필리핀

타오시(Tao-si)

타오시는 대두에 황국균(아스퍼질러스 오리제)으로 발효시킨 대두 발효식품이다. 이 발효제품을 18% 정도의 소금물에 끓여 그대로 먹는다. 타오시의 제조법은 대두를 상온에서 흐르는 물에 하룻밤 정도 담갔다가 한 시간 정도 끓인 다음 물을 빼면서 냉각한다. 냉각된 대두에 볶은 밀가루를 혼합하고 황국균을 접종한다. 곰팡이가 접종된 것을 대나무 발에 펴고 바나나잎으로 덮고 따뜻한 곳에서 2~3일 동안 배양한다. 곰팡이 균사가 충분히 퍼지면서 발효가 다 된 대두는 18% 소금물에 넣고 끓여서 균의 생육을 정지시키고 효소활성을 파괴한다.

참고 문헌

강인희, 『한국 식생활사(제2판)』, 삼영사, 1990.

_____, 『한국의 맛』, 대한교과서주식회사, 1987.

강인희, 이경복, 『한국 식생활 풍속』, 삼영사, 1985.

권태완, 『콩박사 권태완과 함께 떠나는 건강여행』, 성하출판, 1995.

_____, 「콩과 현대인의 건강–현대인의 건강을 위한 콩단백질의 영양과 이
용」, 『국제심포지움발표논문집 3』, 한국식품과학회4(6), 1993.

김상순, 『식품 가공 저장학』, 수학사, 1989.

김석동 외, 『우리콩 신비로운 가치와 새 재배법』, 농민신문사, 1996.

박건영, 「된장의 항암효과」, 월간 신토불이, 1994. 12.

윤서석, 『우리나라 식생활 문화의 역사』, 신광출판사, 1999.

_____, 『한국 식품사 연구(개정증보판)』, 신광출판사, 1993.

윤숙자, 『한국의 저장발효음식』, 신광출판사, 1997.

이규태, 『한국인의 음식 이야기–한국인의 생활구조2』, 기린원, 1994.

이서래, 『한국의 발효식품』, 이화여자대학교출판부, 1986.

이성우, 『고대 한국 식생활사 연구』, 향문사, 1992.

_____, 『고식생활문헌집성(I)』, 도문대작(1611), 수학사, 1992.

_____, 「고대 아시아 속의 두장에 관한 발상과 교류에 관한 연구」, 한국식문
화학회지, 1990.

이성우, 『고려 이전의 한국 식생화사 연구』, 향문사, 1984.

_____, 『한국 식품 문화사』, 교문사, 1984.

이용기, 『조선무쌍신식 요리제법 : 다시 보고 배우는』, 궁중음식연구원, 2001.

이춘자, 김귀영, 『한국식품대관』 제2권 찬물(마른찬), 한국문화재보호재단편,
　　　한림출판사, 1999.

이한창, 『발효식품』, 신광출판사, 1991.

이한창, 原 敏夫, 『청국장의 신비』, 신광출판사, 1995.

장지현, 『한국전래대두이용음식의 조리 · 가공사적연구』, 수학사, 1993.

_____, 『한국 발효식품사 연구』, 수학사, 1989.

장지현, 서병철, 『한국음식대관』 제4권 장류, 한국문화재보호재단편, 한림출
　　　판사, 2001.

정동효, 심상국 외 편저, 『대두발효식품(2)』 '된장', 지성의 샘, 1994.

정양완 역주, 「빙허각 이씨원저」, 『규합총서』, 보진재, 1975.

최근학 편, 『한국 속담 사전』, 문학출판공사, 1989.

한복려, 「고추장, 생활속의 이야기」, (주)제일제당 사외보, 1994. 5.

_____, 「된장, 생활속의 이야기」, (주)제일제당 사외보, 1994. 3.

_____, 「간장, 생활속의 이야기」, (주)제일제당 사외보, 1994. 1.

한복려, 한복진, 『종가집 시어머니 장담그는법』, 둥지, 1995.

황혜성, 『궁중음식』, 궁중음식연구원, 1993.

_____, 『한국 요리 백과 사전』, 삼중당, 1976.

The Food of Indonesia, Periplus Editions(HK) Ltd., 1995.

장醬

초판 1쇄 발행 | 2003년 10월 30일
초판 2쇄 발행 | 2007년 6월 30일
초판 3쇄 발행 | 2012년 2월 20일

글 | 이춘자 외
사진 | 배병석, 류관희
발 행 인 | 김남석

편 집 이 사 | 김정옥
편집디자인 | 임세희
전   무 | 정만성
영 업 부 장 | 이현석

발행처 | (주)대원사
주   소 | 135-231 서울시 강남구 일원동 640-2
전   화 | (02)757-6717~6719
팩시밀리 | (02)775-8043
등록번호 | 등록 제3-191호
홈페이지 | www.daewonsa.co.kr

값 9,800원

Daewonsa Publishing Co., Ltd.
Printed In Korea 2003

ISBN 978-89-369-0254-4
ISBN 978-89-369-0000-7 04590(세트)

잘못 만들어진 책은 바꾸어 드립니다.

건강 식품(분류번호 : 202)

즐거운 생활(분류번호 : 203)

건강 생활(분류번호 : 204)

한국의 자연(분류번호 : 301)

미술 일반(분류번호 : 401)

역사(분류번호 : 501)